像弗洛伊德一样思考

[英]

丹尼尔·史密斯 （Daniel Smith）

-著-

韩竺媛

-译-

南方传媒

广东人民出版社

·广州·

图书在版编目（CIP）数据

像弗洛伊德一样思考 /（英）丹尼尔·史密斯著；

韩竺媛译 . -- 广州 : 广东人民出版社 , 2025.7.

ISBN 978-7-218-18439-5

Ⅰ . B84-065

中国国家版本馆 CIP 数据核字第 2025L9H427 号

著作权合同登记：图字 19-2024-304 号

First published in Great Britain in 2017 by

Michael O'Mara Books Limited

9 Lion Yard

Tremadoc Road

London SW4 7NQ

Copyright © Michael O'Mara Books Limited 2017

XIANG FULUOYIDE YIYANG SIKAO

像弗洛伊德一样思考

[英] 丹尼尔·史密斯　著　　韩竺媛　译　　　　版权所有　翻印必究

出 版 人：肖风华

责任编辑：陈泽洪
责任技编：吴彦斌
装帧设计：仙境设计

出版发行 广东人民出版社
地　　址：广州市越秀区大沙头四马路 10 号（邮政编码：510199）
电　　话：（020）85716809（总编室）
传　　真：（020）83289585
网　　址：https://www.gdpph.com
印　　刷：天津中印联印务有限公司
开　　本：880mm×1230mm　1/32
印　　张：7　　**字　　数：**145 千
版　　次：2025 年 7 月第 1 版
印　　次：2025 年 7 月第 1 次印刷
定　　价：59.00 元

如发现印装质量问题，影响阅读，请与出版社（020-87712513）联系调换。
售书热线：（020）87717307

引 言

"西格蒙德·弗洛伊德是一个有着科学背景的小说家。他只是没有意识到自己是个小说家。在他之后的所有那些混蛋精神病学家,他们也不知道他是个小说家。"

——约翰·欧文(John Irving)
《工作中的作家:巴黎评论访谈》
(*Writers at Work : The Paris Review Interviews*),1988

在《如何像××一样思考》系列丛书的所有人物中，西格蒙德·弗洛伊德（Sigmund Freud）大概是最神秘莫测的一个。作为精神分析之父，他让世人首次了解如何运用科学概念来解释无意识，并促使我们去探索人类心灵的黑暗角落——尤其是通过对梦境和意识流的分析。他还推动了人们对待精神疾病态度的巨大转变。精神病人曾经被视为生理缺陷者、道德败坏者，甚至是恶魔的化身，因而一度遭到社会的排挤，弗洛伊德带来了希望的曙光，即引起心理失衡的原因是能够被发现和解决的。

　　他同时也是一位聪慧过人的反权威人士，善于颠覆现有的知识，质疑正统思想。作为一个天生的局外人，他无惧挑战志得意满的社会精英与知识分子。此外，他的思想延伸到了更广泛的文化领域。我们在电影、电视、音乐和文学作品中都能感知到弗洛伊德思想的影响。他的思想被引入课堂、搬上演讲台，并且已经被我们的语言所吸收。正是由于弗洛伊德，我们的日常谈话中才会出现诸如无意识、自我、力比多、俄狄浦斯情结、弗洛伊德式口误、心理学家的躺椅等不胜枚举的词汇。事实上，他是为数不多的几个名字能够被用作形容词的人。

　　可以说，他提出的种种概念，使我们能以一种不同的方式看待世界。他将我们的目光从我们所处的外部世界及其构造——宇宙、社会、神学，转向我们的内心世界——我们的心灵。值得注意的是，弗洛伊德办公桌上方的窗户上装饰着一面镜子，让他在注视世界的同时始终能够看见自己。心理学家兼弗洛伊德研究者约翰·基尔斯特伦（John Kihlstrom）曾说："比起爱因斯坦或沃森和克里克，比起希特勒或列宁、罗斯福或肯尼迪，比起毕加索、艾略特或斯特拉文斯基，比起披头士或鲍勃·迪伦，弗洛伊德对现代文化的影响是深远和持久的。"

然而，他的思想遗产是复杂的。自他 1939 年去世以来，科学的进步无疑压倒了他的成就。他所倾向于定义为科学真理的事物，多数被证明仅仅是推测、意见或猜想。他的理论基础，如本我、自我和超我，性心理发展模型，以及关于梦的解析的理论，都在很大程度上遭到了否定。正如阿尔伯特·爱因斯坦对他的评价："他有着敏锐的洞察力，除了他对自己的想法经常夸大其词以外，没有任何幻想能够引他入睡。"虽然弗洛伊德的理论在今天很少直接被运用于临床实践中，但是他对心灵的科学探索所做出的贡献不应被忽视。尽管他的许多成果被证明是不完善的，有时甚至是错误的，但他为心灵的科学研究注入了新的活力，为如今惠及我们的种种发展铺平了道路。借用他最近的一位传记作者亚当·菲利普斯（Adam Phillips）的话说，弗洛伊德"告诉了我们有多么不善于了解自己"。

因此，弗洛伊德不应当被定义为当前意义上的科学家，而是文化偶像。著名的文学批评家哈罗德·布鲁姆（Harold Bloom）在 2006 年曾有过以下评价：

直到今天，西格蒙德·弗洛伊德依然存在于世，但不是作为一位科学家，甚至不是作为一名医者。已故的弗朗西斯·克里克（Francis Crick）认为，作为一位来自维也纳的医生，弗洛伊德的文章带有出色的散文风格。尽管这一观点很有趣，但还远远不够。弗洛伊德之所以举足轻重，是因为他拥有与普鲁斯特和乔伊斯相似的特质：极具洞察力的认知、华丽的文体、过人的智慧。

　　同时，他的个人生活既复杂也有趣。他是一个多重矛盾体——他是个无神论者，却又深受犹太教影响；他是朋友们最忠实的伙伴，却又会变成凶猛的敌人；他渴望财富与名声，但同时又反感被它们所束缚。他的婚姻维持了五十年，但有证据表明他曾出轨（尽管他可能不让事情超出"家庭内部"的范畴）。另外，他的工作迫使他进行深入的自省。他在 1905 年写道："没有人像我一样，将那些潜伏在人类兽性中最邪恶的半驯服状态的恶魔召唤出来，并试图与它们搏斗，而能够毫发无损。"他的工作性质要求他向世人揭露有关自身的一些情况——他是自己众多论文中的研究对象——但人尽皆知的是，他曾谴责传记文学并严格保护自己的隐私。因此，了解"真实的"弗洛伊德是一项棘手的挑战，但也是一项令人振奋的挑战。

　　本书必然需要讨论弗洛伊德一生中提出的众多具有开创性的"大思想"。然而，本书的目的并非是要替大家对他的原作展开阅读，毕竟他的大部分作品都具有很强的可读性——他曾因其"清晰而完美的写作风格"而获得 1930 年歌德文学奖，这一荣誉让他火冒三丈，因为这是对他的文笔而非科学洞见的认可。本书仅仅意在探讨作为一个"人"的弗洛伊德——他的性格、灵感来源、内在动力、思想以及方法。

请允许我引用弗洛伊德的一段话来开启正文，这段话选自他在1932年为一本对美国前总统伍德罗·威尔逊（Woodrow Wilson）展开心理学研究的书所写的导言：

傻瓜、空想家、妄想症患者、神经病患者和疯子，始终在人类历史上扮演着重要的角色，而不仅仅是出生时的意外赋予了他们自主权力。通常他们会造成严重的破坏，但并非总是如此。这些人对自己所处的时代和后来的时代都产生了深远的影响，他们推动了重要的文化运动，并取得了重大发现。他们能够取得这些成就，一方面是借助他们人格中完整的那一部分，也就是说，尽管他们有异于常人之处，他们的人格也能够保持部分完好无损；但另一方面，往往是那些他们性格中的病态特征、他们成长的片面性、某些欲望的异常强烈、对某一目标不加思考和随意的痴迷，给予了他们将别人抛在身后、克服来自外界阻力的力量。

不凡一生中的标志性事件

"人们不可能摆脱这样的印象：人们普遍使用错误的衡量标准——他们为自己寻求权力、成功和财富，并羡慕那些已经拥有的人，他们低估了生活中真正的价值。"

——西格蒙德·弗洛伊德

1856 西格蒙德·弗洛伊德（Sigmund Freud）于 1856 年 5 月 6 日出生于奥地利帝国摩拉维亚州的弗莱堡市。

1860 弗洛伊德一家在莱比锡短暂居住后搬至维也纳。

1865 弗洛伊德入读莱奥波德斯塔特公立中学。

1873 弗洛伊德进入维也纳大学学习医学。

1877 弗洛伊德开始在恩斯特·布吕克的实验室工作。

1881 经过八年的漫长求学时光，弗洛伊德获得医学博士学位。

1882 玛莎·伯纳斯（Martha Bernays）答应了弗洛伊德的求婚。

1883 弗洛伊德任职于西奥多·梅纳特（Theodor Meynert）的精神病学部门。

1884 弗洛伊德开始研究可卡因的药用功效。

1885 弗洛伊德在巴黎的萨尔佩特里埃医院接受让 – 马丁·沙可（Jean-Martin Charcot）的指导，初次接触到了催眠术。

1886 弗洛伊德创建了自己的私人诊所，并与玛莎·伯纳斯完婚。

1887 长女玛蒂尔达（Mathilda）出生；弗洛伊德与威廉·弗利斯（Wilhelm Fliess）成为朋友。

1889 长子让 – 马丁（Jean-Martin）出生。

1891 弗洛伊德的第一部著作《论失语症》（*On Aphasia*）出版；次子奥利弗（Oliver）出生。

1892 三子恩斯特（Ernst）出生。

1893   次女苏菲（Sophie）出生。

1895   弗洛伊德与约瑟夫·布洛伊尔（Josef Breuer）合著《癔症
        研究》（*Studies on Hysteria*）；三女安娜出生。

1896   弗洛伊德的父亲雅各布去世；弗洛伊德首次使用"精神分
        析"一词。

1897   展开了一项为期三年的自我分析。

1899   《梦的解析》（*The Interpretation of Dreams*）出版。

1900   展开对"朵拉"（Dora）的治疗。

1902   "星期三心理学会"（The Wednesday Psychological Society）
        在弗洛伊德位于维也纳的家中成立。

1904   弗洛伊德开始与厄根·布洛伊勒（Eugen Bleuler）通信。

1905   《诙谐及其与无意识的关系》（*Jokes and Their Relation to
        the Unconscious*）、《性学三论》（*Three Essays on the Theory
        of Sexuality*）、《一个癔症案例的分析片段》（*Fragment
        of an Analysis of a Case of Hysteria*）（对于"朵拉"的分析）
        出版问世。

1907   弗洛伊德与卡尔·荣格（Carl Jung）初遇。

1908   第一届国际精神分析大会在萨尔茨堡举行。

1909   《一名五岁男孩的恐惧症分析——以"小汉斯"为案
        例》（*Analysis of a Phobia in a Five-Year-Old Boy—Little
        Hans*）及《强迫官能症案例摘录》（*Notes Upon a Case of
        Obsessional Neurosis*）（"鼠人"）发表；弗洛伊德与荣格
        以及桑多尔·费伦齐（Sándor Ferenczi）一同前往美国。

1910 国际精神分析协会成立；《达·芬奇的童年回忆》（*Leonardo da Vinci and a Memory of His Childhood*）出版。

1911 弗洛伊德与阿尔弗雷德·阿德勒（Alfred Adler）决裂。

1912 创办 *Imago* 杂志；与威廉·斯特克尔（Wilhelm Stekel）决裂。

1913 《图腾与禁忌：野蛮人和神经病人的精神生活之间的相似性》（*Totem and Taboo : Resemblances Between the Mental Lives of Savages and Neurotics*）出版。

1914 发表《论自恋：一篇导论》（*On Narcissism : An Introduction*）一文，出版《米开朗基罗的摩西》（*The Moses of Michelangelo*）和《论精神分析运动的历史》（*On the History of the Psychoanalytic Movement*）；荣格与弗洛伊德绝交；第一次世界大战爆发。

1915—1917 弗洛伊德在维也纳大学进行"导论讲座"系列演讲，讲座内容随后整理出版。

1917 《哀悼与忧郁》（*Mourning and Melancholia*）发表。

1918 《孩童期精神官能症案例的病史》（"狼人"）（*From the History of an Infantile Neurosis*）出版。

1920 弗洛伊德的女儿苏菲去世。

1921 《群体心理学与自我分析》（*Group Psychology and the Analysis of the Ego*）出版。

1923 弗洛伊德确诊下颚及上颚癌；他的孙子海因茨去世；《自我与本我》（*The Ego and the Id*）出版。

1925 《自传研究》（*An Autobiographical Study*）出版。

1927 《一种幻觉的未来》（*The Future of an Illusion*）出版。

1930 《文明及其不满》（*Civilization and Its Discontents*）发表；母亲阿玛利亚去世。

1933 《精神分析新论》（*New Introductory Lectures on Psycho-analysis*）与《为什么会有战争？》（*Why War?*）出版，后者是弗洛伊德与阿尔伯特·爱因斯坦（Albert Einstein）的通信集；纳粹德国公开烧毁弗洛伊德的著作。

1938 德国吞并奥地利；弗洛伊德的住所和维也纳精神分析协会总部遭到突袭，安娜·弗洛伊德被盖世太保逮捕；弗洛伊德与家人移居伦敦。

1939 弗洛伊德于 9 月 23 日去世；《摩西与一神教》（*Moses and Monotheism*）出版。

1940 未完成的《精神分析概要》（*An Outline of Psychoanalysis*）出版。

1951 玛莎·弗洛伊德去世。

早日谋划，成就伟业

"一个男人如果得到了母亲绝对的宠爱，那么他一生都会自视为征服者，那种对于功成名就的自信往往会带来真正的成功。"

——西格蒙德·弗洛伊德，1917

西格蒙德·弗洛伊德（Sigmund Freud）于 1856 年 5 月 6 日出生于摩拉维亚的弗莱堡市，这座城市当时还属于奥地利帝国的一部分（弗莱堡如今更名为普里伯尔，位于捷克共和国境内）。他是雅各布·弗洛伊德（Jacob Freud）——一位事业有成的羊毛商人——与阿玛利亚·纳坦松（Amalia Nathansohn）婚后的第一个孩子。雅各布的年龄比他的妻子大得多，并且曾经结过婚。当时的他已经是两个孩子的父亲，后来又与阿玛利亚生下了六个孩子。

在西吉（Sigi，家人对他的昵称）出生一年后，他的弟弟朱利叶斯（Julius）也随之降生。朱利叶斯的出现引起了哥哥的嫉妒与怨恨，而朱利叶斯在 1858 年夭折，这将在未来的漫长岁月里给西吉留下挥之不去的愧疚之情。尽管如此，弗洛伊德依旧将他早年在弗莱堡的生活视为一段宁静而幸福的时光。他于 1913 年写道："我非常确定一件事：尽管被其他的东西覆盖了，但在我的内心深处，始终住着一个来自弗莱堡的无忧无虑的孩子，他是一位年轻母亲的长子，一个从空气和土壤中得到关于这座城市那不可磨灭的最初印象的男孩。"

然而，这段仿佛处于天堂的时光是稍纵即逝的。由于父亲雅各布生意的不景气，一家人于 1859 年搬到了莱比锡，次年又搬到了维也纳，当时的西吉年仅四岁。维也纳是欧洲最繁华的首都城市之一，彼时正处于其全盛时期，但弗洛伊德却认为这座城市死气沉沉、一片惨淡。尤其是，他开始厌恶当时正日益涌动的反犹主义暗流。尽管父母在很大程度上都不是传统的犹太教徒，但弗洛伊德第一次体会到了陌生人对他的犹太血统所抱有的敌意。正如我们即将看到的，这将在职业与个人层面对他的后半生产生巨大的影响。

在维也纳，弗洛伊德一家很长一段时间都过着捉襟见肘、食不果腹的生活，这深深地影响了弗洛伊德对这座城市所抱有的感情色彩。然而，尽管如此，年轻的西吉依然享受着远高于其兄弟姐妹们的生活水平，全有赖于他是最受母亲宠爱的那个孩子。她喜欢称他为"我的金西吉"，而他也拥有这个家中为数不多的财富里最好的那部分东西。例如，到了1866年，当家里已经住着两个成年人和七个孩子的时候，西吉是唯一一个拥有属于自己房间的人，当其他孩子只能凑合着点蜡烛照明时，他却能够用上煤气灯。

其中一部分原因在于他已表现出成为一位杰出学者的天分。在家里接受完启蒙教育后，他进入了莱奥波德斯塔特公立中学（Leopoldstadter Communal Gymnasium，一所德国的文法学校），在校求学的七年时间里，他的成绩始终名列前茅。他在学校里的交友选择也体现出他的狡黠精明，他通常倾向于结交那些能够在学业上对他有所帮助的同学。这其中包括海因里希·布劳恩（Heinrich Braun），此人之后成为著名的社会民主党政治家，从而享誉世界。弗洛伊德、布劳恩和另一个男孩爱德华·西尔伯斯坦 (Eduard Silberstein)，以及姓弗卢斯 (Fluss) 的三兄弟组成了"堤岸"（Bund）小组，他们定期在当地一家咖啡馆进行聚会，思考、讨论有关生命、宇宙等重大问题。弗卢斯三兄弟还将弗洛伊德介绍给了他们的姐姐和母亲，为他的教育做出了一番贡献。弗洛伊德十分依恋这两位女性，她们二人无疑潜移默化地影响了他那关于性的宏大理论的发展，而他在后来的职业生涯中也逐步完善了该学说。

与此同时，母亲阿玛利亚也在尽其所能地让她的"金童"过上尽可能轻松的生活。弗洛伊德的妹妹安娜还记得她正在学习弹奏的钢琴从家里被搬走，因为她的大哥抱怨说琴声太吵了。在她的余生，阿玛利亚始终与弗洛伊德保持着格外亲密的关系。本节开头引用的那段话指的是约翰·沃尔夫冈·冯·歌德 (Johann Wolfgang von Goethe)，但这同样也是对弗洛伊德本人的准确形容。在 1933 年的《精神分析新论》（*New Introductory Lectures on Psychoanalysis*）中，他说："母亲只有在与儿子的关系中才能得到无尽的满足感：这全然是所有人类关系中最完美、最无可争议的一种。"

尽管他在维也纳的起步并不顺利——多年来，这座城市辜负了他的一腔热爱，以至于在人生的最后阶段，他将其描述为"我仍然深爱着"的一座"牢笼"——成年在即的弗洛伊德雄心勃勃，要成就一番大事业。他有着与生俱来的学术天赋，来自母亲毫不动摇的支持与宠爱助长了他对自己终会成就非凡事业的信心。正如他在多年后所回忆的那样，在自己十八岁时，他预感到了"今后自己有一项任务"："我可能会在这一生中对人类知识做出一些贡献"。

局外人的力量

"……作为一个犹太人，我准备加入反对派，并且不与坚实的多数派和解。"

——西格蒙德·弗洛伊德，1926

有些人借迎合主流思潮而取得伟大成就，而弗洛伊德则是那些因挑战正统而声名大噪的人之一。可以说，他的伟大源于说服世人接受他的异端学说为正统。

　　他的局外人意识很早就在他所处的维也纳社交圈中萌发了，这主要出于两个原因。第一个是经济原因，正如我们所见，弗洛伊德一家在他的童年时期几乎一直面临着经济上的困窘。维也纳以其庞大的富人区而闻名，拥有奥匈帝国皇冠上的一颗璀璨宝石的美誉，然而这一家人居住在这座城市的贫困街区。虽然弗洛伊德与权贵们近在咫尺，但是他只能作为这个世界的旁观者，而无法参与其中。尽管这不是一个自在的处境，但他的确得以随心所欲地批判他所观察到的世界。

　　第二个原因是他的犹太背景。19 世纪后半叶，反犹主义在欧洲兴起，弗洛伊德住在维也纳的期间，这股势力在当地甚为强大。事实上，弗洛伊德在二十出头的时候将自己的名字从西吉斯蒙德（Sigismund）改成了西格蒙德（Sigmund），一部分原因可能是前者通常会作为惯用名出现在"犹太人笑话"里。此外，他童年的一个决定性时刻是在他十二岁的时候，他的父亲详细讲述了自己多年前遭受到的一次反犹主义者的袭击。那是在雅各布搬到弗莱堡之前，当时他一直生活在波兰的加利西亚。有一天，他正在街上走着，突然有个基督徒走到他身边，打掉了他的帽子。对方接着冲他喊道："犹太佬！滚出这条人行道！"弗洛伊德问他的父亲是如何应对这番暴行的，雅各布回答说，他只是走到马路上捡回他的帽子，除此以外什么也没做。

听闻了这番事件后，弗洛伊德的心头百感交集。一方面，他因父亲没有为捍卫自己而作出反击感到深深的失望；另一方面，任何人都认同一个人仅仅因为有犹太血统就可以被这样欺凌，这激起了他对社会不公的强烈愤慨。但这也促使他形成了一种强大的信念，即他必须按照自己的方式才能取得人生的成功。在寻求扩展人类知识的过程中，他不会寻求他人的认可，也不会将自己局限于外界所强加的思维模式中。在意识到自己被排除在所有社会机遇之外时，他发现自己有机会能够挑战高高在上的社会成规。正如他在 1926 年所写下的那样：

> ……仅对于我的犹太血统而言……我认为有两个特点已经成为我艰难的人生历程中不可或缺的一部分。由于我是犹太人，我发现自己不受许多偏见的限制，可以尽情发挥聪明才智；以及作为一个犹太人，我准备加入反对派，并且不与坚实的多数派和解。

很难说弗洛伊德是享受他的局外人身份的。家庭的贫困使得他渴望在余生中赚取足够的金钱来纾解经济上的担忧，而反犹主义始终使他怒火中烧。从他对自己早年间在维也纳精神病学会所做的一次演讲的回应中，我们还可以感受到他因不被接受而产生的挫败感。他在 1896 年写给当时的挚友威廉·弗利斯（Wilhelm Fliess）的信中称，这次演讲"受到了笨蛋们的冷遇，以及来自克拉夫特－艾宾（Krafft-Ebing，全名理查德·范·克拉夫特－艾宾 Richard von Krafft-Ebing，与弗洛伊德同为奥匈帝国精神病学家）的怪评：'这听起来就像是个科学童话。'而这发生在有人向他们展示了一个千年难题的解决方案之后……如果委婉地说，那就是，他们可以下地狱了"。

然而，他也意识到，以局外人的身份思考世界是构成自我身份的一个重要因素，使他能够沿着别人不敢踏足的知识道路前行。母亲对他兴趣的无私接纳与全力支持使弗洛伊德获得了自信，让他得以在面对不被他人所理解的压力时从不退缩。相反，他利用自己的局外人身份，大胆地批判那个时代所公认的理念，并尝试真正离经叛道的思维模式。

弗洛伊德的偶像们

"我在这些方面很像汉尼拔，他曾是我之后学生时期最崇拜的偶像。"

——西格蒙德·弗洛伊德，《梦的解析》，1900

在弗洛伊德的一生中，他曾公开宣称自己崇拜众多人物——其中有医生和科学家（当中有许多人是他的同事），以及作家、艺术家与哲学家。然而，能称得上是真正的偶像的人——那些堪称全人类楷模的人，而不仅仅是某一专业领域内的巨擘——他们的名单则要短得多。

在他心目中，有两位伟大的科学界偶像，分别是尼古拉·哥白尼（Nicolaus Copernicus）和查尔斯·达尔文（Charles Darwin）。大约三个世纪以前，哥白尼提出了与地心说相对的日心说，从而引发了一场知识革命。同时，达尔文的进化论在弗洛伊德的青年时期被广泛接受（正如弗洛伊德所指出的，他的理论"提供了进一步理解世界的希望"）。他们对于弗洛伊德的重要性不仅在于他们所进行的科学研究具有无可挑剔的水准，还在于他们从根本上改变了我们对整个世界以及我们在其中所处的位置的认识。弗洛伊德认为，他们引发了人类的妄自尊大所遭受的两次巨大冲击——这一成就极大地吸引了他。在 1920 年出版的《精神分析引论》（*Introductory Lectures on Psychoanalysis*）中，他谈及了这两次冲击（或是他所称的"沉重的打击"）：

第一次打击是人们认识到我们的地球不是宇宙的中心，而只是无穷大的宇宙体系中的一个很小的部分。这使我们想起了哥白尼的名字，尽管亚历山大的学说也包含有类似的观点。第二个打击是生物学研究剥夺了假定的人之有异于万物的创造特权，证明了人也是动物界的物种之一，也同样具有一种无法摆脱的兽性。对人的这一重新估价已由我们这个时代的达尔文、华莱士及其前辈所完成，不过也同样遭到了当代人的最为激烈的反对。[1]

　　不过，弗洛伊德最终的理想也恰恰是带来类似的"沉重的打击"，他认为自己已经大大实现了这一宏愿。在他的有生之年，他成功地说服了世界上相当多的人，使他们相信：如果想要解开人类的许多谜团，不应向外界寻求方法，而是要将我们的目光转向内部世界。我们完全可以认为，由于阿尔伯特·爱因斯坦所提出的广义相对论同样革新了人类的思想体系，弗洛伊德大概将他也请入了自己的科学万神殿。尽管爱因斯坦的巨著直到弗洛伊德年逾花甲时才问世，这多多少少对爱因斯坦名列弗洛伊德的偶像榜造成了影响，但弗洛伊德对他钦佩有加，并且在 20 世纪 30 年代与他展开了一次重要的通信。

　　除了科学家以外，他的名单里还列入了若干位历史人物，这些选择乍一看会略显古怪。其中一位是奥利弗·克伦威尔（Oliver Cromwell），他是一名清教徒，17 世纪英国内战期间的军事及政

---

① 译文节选自《精神分析引论》，弗洛伊德著，彭舜译，陕西人民出版社 2001 年版，第 290 页。

治领袖，正是他签署了对国王查理一世的死刑令，自己则摇身一变成为独裁的护国公。这样一个人物是如何引发青年弗洛伊德的遐想的？为什么不是来自其他国家，比如他的家乡中欧的任何一个伟大的历史人物？为了纪念克伦威尔，弗洛伊德甚至给自己的一个儿子起名为奥利弗。

其中一部分答案可能来自于1882年的一封信，弗洛伊德在这封信中回顾了他的第一次英国之旅。他热情赞扬了这个国家的人民："质朴的勤奋……和敏锐的正义感——可以说，这些品质通过内战在英国社会中变得根深蒂固，并在克伦威尔的性格中得到了个人层面的体现"。此外，克伦威尔曾下令采取一项特别行动，准许已被驱逐出境约四百年的犹太人再次定居英国，正合为犹太人歧视所困的弗洛伊德的心意。弗洛伊德是否还可能因克伦威尔参与了弑君行动而对他如此着迷？这与弗洛伊德所描述的著名的俄狄浦斯情结有着异曲同工之妙，因为俄狄浦斯也曾弑君。这一猜测是十分耐人寻味的。

但弗洛伊德对另一位人物的评价甚至高于克伦威尔，他就是北非迦太基的伟大首领汉尼拔。汉尼拔于第二次布匿战争（the Second Punic War，公元前218—前201年）中击败了强大的罗马帝国。下面是对本节开头引文的补充，进一步解释了汉尼拔为何吸引弗洛伊德：

如同那个时代的许多男孩一样，我不同情布匿战争中的罗马人，而是同情迦太基人。当我在高年级第一次明白作为一个外来种族的人意味着什么时，当来自其他男孩的反犹情绪警示我必须采取明确的立场时，闪族将军的形象在我心中变得更加高大……在年轻的我看来，汉尼拔与罗马之间的战争象征着坚韧不拔的犹太人与天主教会之间的斗争。

汉尼拔是历史上著名的局外人之一，他是对抗"当权者"（以罗马为代表）的受压迫者，并战胜了一切艰难险阻。这种生存方式对弗洛伊德有着天然的吸引力，就像汉尼拔在军事上反抗强权一样，弗洛伊德成功地破坏了现存的知识体系。此外，汉尼拔代表着闪族，而罗马帝国的军队则象征着罗马天主教会（尽管汉尼拔面对的是基督教化前的罗马），在弗洛伊德眼里，他之所以不得已日复一日地忍受令人窒息的反犹主义气氛，在很大程度上要归结于这股天主教势力。

在弗洛伊德得知他的父亲在加利西亚遭受反犹主义袭击后，汉尼拔似乎对他有了特别的意义。正当弗洛伊德因为雅各布的轻易屈服而备受煎熬时，他无疑被誓要向全体罗马人复仇的汉尼拔所吸引。

发掘你真正的兴趣所在

"像我这样的人不能缺乏爱好和满腔激情……"

——西格蒙德·弗洛伊德致信威廉·弗利斯，1895

弗洛伊德的学术兴趣如此广泛，以至于他在上大学的时候（十七岁），还不能确定自己将朝哪个学术方向发展。他的老友海因里希·布劳恩建议他成为一名律师，但弗洛伊德觉得科学对自己有一种更天然的吸引力。这道难题总算在他参加一次公开讲座时得以解决。在这次讲座上，有人大声朗读了一篇关于自然的文章，弗洛伊德认为这篇文章是歌德所写 [但实际上可能是由格奥尔格·克里斯托弗·托布勒（Georg Christoph Tobler）写的]。弗洛伊德用"美妙动人"来形容它，并得出结论：自己应该学习医学。

他于 1873 年进入维也纳大学学习，但这段经历实在乏善可陈。除了需要忍受更强烈的反犹主义氛围以外，他还很快意识到，自己对所有细枝末节的医学知识都不感兴趣，而是想要追求更普遍的科学真理。尽管他对妹妹安娜口口声声地说"我想要帮助受苦的人"，但他的注意力很快就从自己的学位课程转移到了更艰涩深奥的科学研究项目上。结果，他花了整整八年时间才获得医学学位。例如，在 1876 年，他获得了一笔研究经费，用以支付他前往的里雅斯特的旅费。在那里，他与著名的达尔文主义者卡尔·克劳斯（Carl Claus）共事于同一个动物学研究站，解剖了数百条鳗鱼以研究它们的性器官。如果这是一场梦的话，那么弗洛伊德在他之后的职业生涯中可能会充分重视其丰富的象征意义。

1877年，弗洛伊德回到维也纳，任职于恩斯特·布吕克（Ernst Brücke）的研究实验室。布吕克是机械主义（mechanism）学派的领军人物之一——该学派认为，所有的生命现象都源于无机物所受制的物理和化学规律。无论是在思想上还是在职业发展上，布吕克都对弗洛伊德产生了深远的影响。在他的指导下，弗洛伊德成为了组织学（研究有机组织的学科）和神经生理学（进行与神经系统有关的研究）的专家。尤其是，他研究了人类与青蛙神经细胞之间的异同，得出的结论是，高等生物和低等生物的神经系统是由相同的基础材料构成的。换言之，人类之所以为人类而非青蛙，不是由于人与青蛙的组成成分截然不同，而仅仅是因为人的生理机能更复杂。

弗洛伊德在布吕克的实验室一直工作到1883年。1882年距离他大学毕业刚好过去了一年，也恰逢是兵荒马乱的一年。弗洛伊德刚刚认识朋友的妹妹——玛莎·伯纳斯，并爱上了她。两人很快就订婚了，弗洛伊德转而考虑如何才能养活自己的妻子和小家庭。布吕克直截了当地告诉他：即便是在行情最好的时候，医学研究的报酬也不高，继续留在自己的实验室里几乎没有晋升的可能，而弗洛伊德在其他地方的晋升机会也受到周围反犹主义浪潮的严重阻碍。

弗洛伊德于是下定决心，寄最大希望于通过他迄今为止尚未能实施的方式开展医疗实践。他在维也纳综合医院找到了一份工作，以期在进军利润更高的私人诊所领域之前，积累自己的实践经验。然而，他还是很难喜欢上临床医学，哪怕是在德高望重的赫尔曼·诺特纳格尔（Hermann Nothnagel）的指导下，对弗洛伊德而言，外科医学也是非常枯燥乏味的。

不过，他的下一步动作却收获颇丰。1883 年，他加入了西奥多·梅纳特（Theodor Meynert）的精神病学部门。在梅纳特的帮助下，弗洛伊德意识到自己对神经病理学（对神经系统的异常进行研究）抱有浓厚的兴趣。梅纳特坚信某些形式的神经症是可逆的，这也为他这位杰出的学生之后的研究提供了参考。弗洛伊德渐渐找到了自己的专业立足点，这让他无比兴奋，正如这一时期他在给玛莎的信中所写："我非常固执且鲁莽，需要艰巨的挑战。"他在 1884 年向她写道："我做过很多事，任何理智的人都一定会认为这些事情非常轻率……我的生活方式就是，冒巨大风险，抱极大希望，做大量工作。我早就失去了普通世俗意义上的常识。"

同年，他研究了一项在显微镜下对脑组织进行染色的创新技术——这一发明为他在同行中赢得了很高的声望，尽管这一染色过程很难达到完美。他给玛莎写信道："如你所知，探险家的气质是由两种基本品质组成的：尝试中的乐观主义，工作中的批评精神。"1885 年，弗洛伊德应邀前往巴黎，在著名神经学家让 – 马丁·沙可（Jean-Martin Charcot）的指导下于萨尔佩特里埃医院进修，这是他职业道路上的重要一步。

走少有人走过的路

"心理学就是我的暴君。"

——西格蒙德·弗洛伊德致信威廉·弗利斯，1895

沙可的学术造诣颇深，除了其他研究成果，他还是第一位对多发性硬化症进行描述的临床医生。能够有机会向他学习，弗洛伊德感到发自内心的兴奋，并向玛莎分享了自己的心情：

> 天呐，这是一件多么绝妙的事情！我带着钱来，待上很长一段时间，为你带去美丽的东西，然后前往巴黎，成为一名了不起的学者，再身披无比巨大的光环回到维也纳。接着我们很快就会结婚，我将治愈所有难以治愈的神经疾病，我因你而变得健康。我将继续亲吻你，直到你变得强大、愉快和幸福……

沙可的研究促使弗洛伊德重新评估心灵是如何催生病人的身体症状的。沙可还将推动弗洛伊德从对脑解剖学的研究，转移到对神经症的研究。特别是，沙可正在酝酿关于癔症的开创性思想。"癔症"（hysteria，又称歇斯底里症）这个术语如今已经很少在医学上使用，但在当时指的是一种以压力（由起初的某次创伤性事件引起）转化为以身体症状为特征的疾病。这些症状可能包括癫痫、瘫痪、梦游、幻觉，以及言语、记忆和感官功能的丧失。传统医学观念认为，癔症要么是一种想象中的疾病，要么是由女性外生殖器受刺激引起的。然而，沙可并不同意这两种观点。他坚信，这不是想象出来的，也不是女性特有的疾病。此外，他认为这种症状根本不是由生理结构引发的，而是由于大脑分析过程中出错而产生的。换言之，癔症是对某个物理指标事故的情绪反应。沙可的思想为弗洛伊德的研究播下了种子，使得他相信任何创伤性事件，即使没有造成身体伤害，也可能导致无意识的症状形成。尽管对其效果感到担忧，但沙可还是让自己的病人接受了催眠，将其作为识别病情的一种手段。

结束了五个月的实习期后，弗洛伊德回到了维也纳，走上了一条远离神经学而通往精神病学的道路。他甚至主动将沙可的讲座翻译成德语，这样他就可以持续赢得这位新任导师的好感，同时也为他们二人在德语医疗机构中赢取了声誉。然而，弗洛伊德重新融入维也纳学术舞台的过程远没有取得成功。他提出的有关癔症和催眠的全新理论面临着他人的质疑，甚至是全然反对。而沙可不仅不是奥地利人，还是个法国人，这让他感到很不光彩。正是弗洛伊德以癔症为主题的一次演讲受到了批评，使得他严厉斥责了维也纳精神病学会那帮"笨蛋们"。

尽管如此，弗洛伊德最终还是找到了自己真正的职业激情所在，那就是精神病学和人类心灵的奥秘。他还需要花上几年的时间才能全身心地投入到这一学科中。直到1896年，他才告诉弗利斯："身为一个年轻人，我不知道自己除了哲学知识以外还对什么有所渴求，如今我即将实现这一心愿，因为我从医学转向心理学了。"但他现在已经步上了一条美名与恶名兼有的大道。正如他在1895年对弗利斯说的那样："我已经找到了统治我的暴君，我毫无保留地为它献身。心理学就是我的暴君。"

让自己扬名立万

"我时常感到，自己似乎继承了我们的祖先捍卫他们圣殿时抱有的一切无畏与激情，并且能够为历史上的一个伟大时刻欣然牺牲自己的生命。"

——西格蒙德·弗洛伊德致信玛莎·伯纳斯，1886

弗洛伊德事业的成功归功于许多因素，特别是他那广博的知识和无畏的钻研精神。不过，他的个人野心所发挥的作用也不容小觑。那么，除了纯粹想要扩大人类对自身和所处世界的理解，他的背后还有什么动力？是什么让他去敲开一扇未知的大门，即使没有人知道这扇门背后潜伏着怎样的怪物？至少在某种程度上，贫穷为他的童年蒙上了一层阴影。

　　1873年，雅各布·弗洛伊德的生意破产，他的财富遭受了几乎致命的打击。被全家人寄予厚望的年轻的弗洛伊德，无疑肩负起了作为家中顶梁柱的重担。在他与玛莎·伯纳斯相遇后，这担子就愈发地沉重了，而当这对夫妻在1886年成婚并计划组建家庭时，这股压力再次加重了（他们于1887年至1895年间生育了三个男孩和三个女孩）。布吕克曾告诉弗洛伊德，他的职业前景受限并非他自身的错，而只是因为他的犹太血统。于是，弗洛伊德决定采取大胆的行动，让自己的事业更上一层楼。毫无疑问，仅有优秀的品质是远远不够的，他似乎已经接受了这番事实，即他在想尽办法推广自己的研究时只能四面树敌，别无选择。因此，对于在一个充满敌意的环境中发表关于癔症的演讲，他是早有预料的。

　　此外，弗洛伊德自幼年起便不得不忍受的反犹情绪，已经让他修得了金刚不坏之躯。事实上，尽管特定的批评可能会引起他的不满，但他似乎在某种程度上十分享受嘈杂混乱的学术生活。正如在之后的章节中所见，他会经常培养有益于其工作的友谊，但若是他认为对方会对他的专业地位构成威胁，那么他便会毫不留情地与之断绝关系。

弗洛伊德还有一个诀窍，那就是满怀自信地推销那些在其他人手里可能充其量是难懂的，或者在最坏的情况下会被孤立的思想观念。当然，弗洛伊德的理论需要一段时间才能被主流话语所接纳（他的早期作品销量惨淡），但他花费毕生精力将自己的精神分析学普及到了全世界。若非他充沛的精力和讲故事的天赋，整个精神分析运动可能最终只会沦为医学教科书上的一个注脚。只需想想弗洛伊德的语言是如何被纳入主流话语的。1896年，他成为"精神分析"这一术语的创始人，如果没有他，我们如今就不会随口谈论起俄狄浦斯情结、自恋、自我和本我、性欲、死亡愿望，甚至是肛门滞留等名词。若他并非一个精神病学方面的天才，想必他会成为一名金牌广告主管。

就如历史上其他功成名就之人一般，弗洛伊德的身上同时具备过人的天赋、勃勃雄心以及沟通广大群众的能力。

认清死胡同

"一点可卡因能放松我的舌头。"

——西格蒙德·弗洛伊德致信玛莎·伯纳斯，1886

在弗洛伊德的职业生涯中，在面对通常激烈的反对意见时，他一向坚持自己的一系列新颖和备受争议的想法，但他也能及时意识到并且放弃他在研究之路上犯下的某些错误。

这方面最突出的一个例子可以追溯到 19 世纪 80 年代，在那十年时间里，弗洛伊德对可卡因潜在的医用价值产生了浓厚的兴趣。要知道，不同于今日，那个时候的人们对可卡因的危险性是一无所知的。事实上，当时作为可卡因来源的古柯叶即将被用于正在研发中的可口可乐。弗洛伊德在听说可卡因能使患病的外出演习士兵重振活力后，似乎就对这种药物十分感兴趣。正如他多年后所说的那样："1884 年，一个次要但深刻的兴趣，促使我让默克公司向我提供一种在当时鲜为人知的生物碱，以研究其生理学效用。"

他开始将可卡因用到自己身上，起初陷入了其产生的致幻效果之中。不久之后，他就将这种药物也介绍给了伴侣玛莎。当年晚些时候，他在维也纳的一本期刊上发表了一篇文章——《论古柯》，无论从哪方面看，这篇文章都像是对这种神奇药物的一首赞美诗。他甚至承诺，可卡因的其他用途很快就会被发掘。于是，这一承诺兑现了，在弗洛伊德碰见一位老朋友时，对方告诉他自己患上了严重的肠道疼痛。弗洛伊德给他开了 5% 浓度的可卡因溶液，这会让病人在服用后在舌头和嘴唇上产生麻痹感。弗洛伊德当时正在思考这种药物可能具有的麻醉效果。他向一位身为眼科医生的朋友建议，应该研究可卡因是否可以在眼科手术中用于麻醉病人。

此后不久，弗洛伊德就去拜访了玛莎。回来后，他发现另一位朋友卡尔·科勒（Carl Koller）在海德堡的一次眼科学大会上发言，宣称可卡因具有麻醉效果。弗洛伊德因此与自认为应得的认可失之交臂。然而，没过多久，他却开始拼命地回避对这种药物的支持。他之所以改变主意，是因为卷入了一位朋友——生物学家恩斯特·冯·弗莱施尔－马克肖（Ernst von Fleischl-Marxow）——的不幸殒命。

早些时候，冯·弗莱施尔－马克肖开始服用吗啡来缓解伤口感染引起的疼痛。到了1885年，他已经完全对吗啡成瘾了，因此，弗洛伊德建议改用可卡因来帮助他摆脱对吗啡的依赖。然而，这位生物学家只不过是用另一种可怕的瘾头取代了之前的，并开始大量使用可卡因。长达六年的药物滥用，再加上慢性病痛和其他病症，最终导致他在1891年去世。弗洛伊德在将可卡因介绍给自己的朋友后不久，便意识到这种药物极易上瘾，危险极大。他对可卡因的这番迷恋就这样偃旗息鼓（尽管他自己很有可能在19世纪90年代使用过可卡因），并颇有技巧地将这段不光彩的经历从自己的履历中一笔划去。不过，他还是难以摆脱冯·弗莱施尔－马克肖身故的内疚之情。

实际上，这可能是导致弗洛伊德在1885年烧毁他所有私人文件和学术论文的原因之一，他的许多传记作者因而感到无比懊恼。他的这番举动似乎是为了把自己从少年时代所犯错误的记忆中释放出来，也是为了确保世上其他人永远无法得知这些错误。正如他写给玛莎的信中所言："……我关于全世界，关于自己的所有想法与感受，都不值得继续存在。"有趣的是，他在1907年还会重复这种做法，彼时的他已被公认为是精神分析运动的开创者。那时，弗洛伊德已经承认了自己某些专业上的错误。例如，他已经将他所提出的性诱惑理论视为自己的"首个严重谬误"。但是，旗帜鲜明地表明自己的立场并摆脱已然发觉的无心之失及错误，是他职业生涯的特点之一，也是他远离广大世人视线的惯常做法。

一切尽在掌握之中

"因为起初我们惊讶地发现，当我们成功将引发癔症的相关事件的记忆清晰地呈现在眼前时，每一种癔症症状都会立即彻底消失……"

——西格蒙德·弗洛伊德与约瑟夫·布洛伊尔，
《癔症研究》，1895

到了 1886 年，弗洛伊德已经成婚，并在私人诊所工作。他的病人里，有许多中产阶级的年轻犹太妇女，并且都表现出患有神经症的迹象（即出现焦虑感、强迫症思想及行为，以及其他没有明确生理来源的身体不适等）。她们当中的许多人是由弗洛伊德的医生同事兼大学老友约瑟夫·布洛伊尔（Josef Breuer）推荐过来的。

　　在这之前，弗洛伊德在很大程度上仍遵循着机械主义的正统思想，为神经症和癔症寻求神经学的解释。他早期出版的著作，如 1891 年的《论失语症》（关于大脑的损伤如何影响语言的运用），便是他对这一传统的实践。然而，早在他与沙可共事期间，可能也正因为在那里进修，弗洛伊德就开始不经意地想，某些病症是存在纯粹的心理原因的。也就是说，它们产生自患者的内心。例如，沙可并不相信催眠可以用来治疗癔症，而只将其视为一种诱发和检查其症状的手段。他认为，癔症是一种神经现象。不过，弗洛伊德却持开放态度，认为癔症可能是一种心理现象。此外，他考虑寻找癔症其他可能的心理学病源，这与他一贯奉行的机械主义传统背道而驰。作为著名的机械主义者的沙可，则引导他放弃这方面的研究，转而去探究癔症的神经学病因。

　　1885 年，弗洛伊德从巴黎回到维也纳，在与布洛伊尔（他对弗洛伊德而言如同父亲）的接触中受到鼓舞，于是决定重拾他对神经紊乱的潜在心理根源的研究兴趣。他与布洛伊尔的接触在接下来几年里还会继续下去，他也开始相信，催眠终究可被用于治疗癔症和神经衰弱的病人。1882年，布洛伊尔在他对病人安娜·欧（Anna O）的治疗报告中支持了这一观点。弗洛伊德开始将神经症和癔症视为无意识压抑（unconscious inhibitions）的症状。他相信通过关注病人的心理健康，帮助他们的思想摆脱那些他们甚至没有意识到的自我压抑，就可以治愈他们的神经症。

布洛伊尔是弗洛伊德学术生涯早期的一个关键人物。在此期间，弗洛伊德研究了几种不同的探索心理的方法。可以说，如果没有布洛伊尔，弗洛伊德可能永远不会采用精神分析技术。1907年，布洛伊尔仔细思考了他们对各自（有时是他们二人共同的）病人的经历所展开的深入探讨："我们的理论观点就这样成长起来。当然，不是没有过分歧，但我们在工作中却存在诸多共同点，以至于真的很难说哪些观点来自于其中一个人，哪些又来自另一个人。"

弗洛伊德从安娜·欧的个案中意识到，记忆的压抑表现为癔症，而关键就是要确定产生压抑记忆的导火索事件。他与布洛伊尔合著的《癔症研究》中也提道："当病人尽可能详细地描述那个事件，并将其所产生的影响用语言表达出来时，他们的癔症就会消散。"他们得出的结论是，"'癔症'主要受到回忆的影响"。弗洛伊德一直很喜欢研究历史（收集古董后来成为他为数不多的业余爱好之一），如今他开始将自己的角色看作是一位人类心理的考古学家。通过挖掘病人的回忆，弗洛伊德认为他可以将"癔症的痛苦转化为常见的忧愁"。

为此，弗洛伊德断然拒绝了彼时风靡的一种治疗神经紊乱的手段——电疗，即将电流通过病人的身体。他很肯定，这种方法，用他后来的话说是"毫无帮助"。相反，他对催眠术的操作越来越熟练（就像布洛伊尔之前那样）。然而，很快他就为催眠效果的不明朗感到沮丧，由此他开发了一种新的"压力疗法"。

弗洛伊德意识到，对神经官能症和癔症的成功治疗，取决于病人谈论造成其异常的根源，即使他们并没有意识到自己正在做这样的事。催眠术只不过是让他们在没有进行自我审查的情况下开口说话的一种手段。他认为压力疗法也能达到同样的效果，但要有效得多。这个过程很简单。他用手压住病人的额头，并要求他们讲述"在感受到压力的那一刻，出现在眼前或穿过记忆的东西"。他对由此所产生的一系列图像、想法和无意识的记忆感到震惊。他发现，如果第一次施加压力收效甚微，那么反复的施压通常会产生预期的效果。

一位在 1892 年接受了这种治疗的病人，后来被证实名为伊丽莎白·冯·R.。她在忍受了两年的腿痛折磨后向弗洛伊德咨询，但却对压力疗法十分抗拒。弗洛伊德在《癔症研究》中提到了他是如何与她对峙以突破她的心理防线的：

我不再承认她所声称的没有任何事情发生，而是向她保证，她身上一定发生了什么。我说，也许她还没有充分配合，在这种情况下，我很乐意重复我的压力疗法。或许她认为她的想法并不正确。我告诉她，这不是她该在意的事；她必须保持完全客观，说出她脑子里的东西，不管合适与否。最后，我宣布，我很清楚她身上发生了一些事情，而她对我隐瞒了；但只要她还在隐瞒，她就永远无法摆脱痛苦。通过这番坚持，我达到了这样的结果：自那以后，我对她的头部所施加的压力疗法再也没有失败过。

最后，他告诉伊丽莎白·冯·R.，他认为她的病症是她与姐夫相爱而产生的心理痛苦的表征。她完全不接受他的诊断，但弗洛伊德坚持自己的观点，并报告说她已经痊愈。对她的治疗代表着弗洛伊德在发展精神分析方面的第一步尝试。不过他一直牢记着布洛伊尔和安娜·欧在这其中所发挥的重要作用。1909 年，他在一次演讲中告诉听众："如果说发明精神分析是一种功绩，那么这一功绩并不属于我。我没有参与它最早的起步。"

个案研究：安娜·欧

"整个精神分析的胚细胞。"

——约瑟夫·布洛伊尔评论安娜·欧案例，1907

虽然对安娜·欧的案例研究实质上开启了弗洛伊德的学术生涯，但人们普遍认为，他本人从未真正见过安娜，而是从布洛伊尔那里获得了关于此案例的第二手信息。尽管如此，他与布洛伊尔一起对她的情况所展开的分析，为后来的精神分析学铺平了发展道路。那么，谁是安娜·欧？为什么她的案例如此重要？

首先，从来不存在一个叫安娜·欧的人，这只是他们为保护贝莎·帕彭海姆（Bertha Pappenheim）的身份而选用的假名。她于1859年出生于维也纳，在她大概二十一岁的时候，她的父亲患上了严重的肺结核，只能卧床休息。安娜（我们将称呼她为安娜，顺着弗洛伊德和布洛伊尔的意思）不知疲倦地照顾他，但自己也开始出现健康不佳的症状（与她父亲的病情完全无关）。因此，她接受了布洛伊尔医生的治疗。

此前，安娜的健康状况一直很好，大家都觉得她是一个想象力很丰富的聪明女孩。然而，在她照顾父亲的过程中，她的健康状况急剧恶化，最终她的医生禁止她再与她的父亲有任何接触。与此同时，安娜的父亲在1881年4月败给了病魔，最终与世长辞。

安娜症状多种多样，其中有些症状单独看来似乎并不严重，但若是放在更大的背景中，它们便共同指向了一个正在崩溃的人。安娜患有咳嗽，交替出现昏睡（通常在下午和晚上）和极度兴奋的状态，右侧肢体瘫痪，有时无法控制自己眼睛的运动。她的视力也出现了问题，并且出现了斜视。此外，她开始梦游，并患上了恐水症，导致她连续几天都不能喝水。她能说多种语言，似乎在不知不觉中便会在不同语言之间进行转换，有时会中途断句，在说完一个句子之前重复最后一个字。随着她的精神状态不断恶化，有两周的时间她完全不能开口说话，且卧床不起。更严重的是，她被焦虑的情绪所深深困扰，忍受着可怕的幻觉，以至于她会从白天的午睡中醒来，哭喊着："太痛苦了，太痛苦了！"

简而言之，有很多值得布洛伊尔深入研究的东西。他从安娜的病情发展中划分出了四个清晰的阶段。他称第一阶段为"潜伏期"，从1880年7月开始，一直持续到同年12月。虽然安娜的症状还相对较轻，但对熟悉她的人来说，这些症状还是很明显的。接下来是"疾病显现期"，这个时期她的症状最为严重。1881年4月她的父亲去世，原本磕磕绊绊的恢复过程便停止了。由于布洛伊尔担心她可能会试图自杀，6月份的时候，她从位于多层建筑的家中搬到了另一处表面上相对安全的地方。在接下来的几个月时间里，直到1881年12月，她的病情特点为部分时期行为看似正常，其间也时有梦游发生。最后阶段持续到次年6月，是在布洛伊尔的指导下逐渐康复的阶段。

布洛伊尔发现，缓解安娜症状的一个方法是让她在催眠状态下描述她的幻觉——这一过程通常在晚上进行，之后她一般会比较放松。在诊断出她患有癔症之后，这些疗程帮助布洛伊尔对她的精神状态有了深入的了解。很快他就搞清楚了，导致她如此痛苦的许多想法和幻觉，都直接相关于照顾生病父亲的经历以及其他不愉快的记忆。

　　例如，她曾经描述过一个生动的梦，在梦中，一条黑蛇正在接近一个躺在床上的病人，她被吓得四肢僵硬，无能为力。因此，安娜所患的瘫痪可以被证实为这个梦中所描述的焦虑的身体表现。同样，布洛伊尔得以将她的恐水症与童年经历联系起来——她曾看见祖母养的那条她并不怎么喜欢的狗，低头从为她准备的水杯里喝水。这一事件在这个年轻女孩的生活中是如此可怕，以至于她成年后所产生的其他负面情绪和可怖想法都表现为恐水症。

　　布洛伊尔由此创立了后来被称为"宣泄法"的方法，即让病人在催眠状态下回忆产生致病记忆的创伤性指示事件，这反过来又诱发了特定的身体症状。同时，安娜将这种方法称为"谈话疗法"，还给它起了个略带挖苦的名字："扫烟囱"。随着引发每种症状的根源被带入到安娜的意识中，症状本身似乎就会消失。随着时间的推移，她已经痊愈，继续过着充实而丰盈的生活。不过，人们还在继续争论布洛伊尔究竟对她的康复有多大贡献，鉴于她从未提到过布洛伊尔的工作起到了多大的帮助。

重获潜意识

"确切而言，无意识是真正的通灵者，对我们而言，它的内在本质，就和外部世界的实在一样，不为人知。我们通过意识的数据了解无意识，就像通过感官的指示了解外部世界一样，都是不完整的。"

——西格蒙德·弗洛伊德

弗洛伊德一切研究的关键是无意识（通常也称作潜意识）的概念。尽管这一概念已经全面融入我们的文化很久了，但在弗洛伊德出场时，它还只是个半成品。他试图分析和理解无意识的本质，这将从根本上重新定位我们对自身的理解，以及我们在更广阔的世界中运作的方式。

鉴于这一研究对象的复杂性，弗洛伊德对无意识的认识在其漫长的生涯中不断变化和发展，这一点并不令人惊讶。当然，他也不是第一个意识到其存在的人。尽管他轻飘飘地承认自己的研究是在他人的研究基础上发展起来的，实际上他是为作为一种科学实在的潜意识赢得主流认可的第一人。他在1926年的70岁生日之际回忆说："在我之前的诗人和哲学家们都发现了潜意识的存在，我发现的是可以研究无意识的科学方法。"

他自己最初对无意识的兴趣，无疑在某种程度上是由他与维也纳大学的一位教授弗朗兹·布伦塔诺（Franz Brentano）的接触激发的。布伦塔诺曾是一名天主教牧师，曾尽力接受教宗无误论，他最著名的作品是1874年的《从经验的观点看心理学》（*Psychology from an Empirical Standpoint*），其中提出了无意识的可能模型。不过，弗洛伊德将布伦塔诺的研究推进了几个层次。

在弗洛伊德的第一次重要表述中（于1899年在《梦的解析》

中提出的），心灵被分为三个不同的区域：意识、前意识和无意识。

意识（Conscious）：作为心灵的一部分，包括我们所意识到的事物，以及我们能够以理性的方式进行思考和探讨的事物。

前意识（Preconscious）：由所有那些在大多数时候是潜伏的，但能轻易成为意识的想法和记忆组成。（例如，想想你的手机号码，这串数字可能不会立刻脱口而出，但在需要的时候，不费吹灰之力便可将它回忆起来。）

无意识（Unconscious）：那些通常不被有意识的心灵所接触到的欲望、冲动和愿望，但它们会大大影响我们的行为。

这是一种对心灵的想象，通常借用所谓的冰山模型（Iceberg Model）来说明。就像冰山只有一小部分在水面以上可见一样，在这个模型中，我们只"看到"意识，而心灵的绝大部分（即前意识和无意识）在水面以下，是"看不见的"。然而，我们要了解，弗洛伊德的三段模型并没有反映生理现实，而只是一个探索心灵运作的理论工具。他在 1925 年的《自传研究》（*An Autobiographical Study*）中写道：

这种细分是某种尝试的一部分，试图将心灵装置描述成建立在一些机制或系统之上，这些机制或系统之间的关系用空间术语来表达，然而这并不意味着这种描述与大脑的实际解剖结构有任何关联（我将其描述为地形学方法）。

根据弗洛伊德的地形模型，意识和无意识处于一种相当持久的冲突状态。用高度简化的术语来描述，那就是无意识充满了本能的驱动力，这些驱动力往往与我们意识中所知道的安全、文明和可被社会接受的行为相抵触。同时，前意识在双方之间起到某种调解作用。在《精神分析引论》中，弗洛伊德对随之而来的斗争作如下描述：

因此，让我们把无意识系统比作一个巨大的入口大厅，在这个大厅里，精神冲动像一个个独立的个体一样相互推搡。与这个入口相邻的是第二个较窄的房间，是一间会客厅，意识也住在这里面。但在这两个房间之间的门槛上，有一个看门人在履行他的职责：他检查不同的精神冲动，充当审查员，如果他们让他不高兴了，就不会放他们进入会客厅……在无意识的入口大厅里的冲动，处在另一个房间里的意识是看不到的。首先他们必须保持无意识状态。如果他们已经挤到了门槛前，被看门人拒之门外，那么它们就不能被意识所接纳。我们把这叫作被压抑（repressed）。但是，即使是看门人允许越过门槛的冲动，也不一定是有意识的；它们只有在成功地吸引了意识的目光后，才能成为有意识的。因此，我们有理由将这第二间房间称作前意识的系统。

弗洛伊德认为，正如我们稍后所见，每个人的无意识在很大程度上（尽管不完全是）由力比多（性欲）驱动，这是由婴儿早期的性欲和本能的发展（无论健康与否）决定的。他称，随着我们年龄增长，积累更多有关外部世界的经验，无意识的想法会被压制、删除，如果它们被认为与意识的利益相悖。尽管如此，力比多和其他无意识的驱动力仍然存在，并通过多种途径被释放出来。例如，它们可能表现为身体症状（如神经状况）、梦境、口误（有时也被称为弗洛伊德口误）和笑话。弗洛伊德还提出，正是被转移、被升华的性欲能量支撑着人类的创造性和科学事业，以及文明的建设。他提出，若是要解放无意识的思想从而减轻其压抑的潜在负面影响，另一种方法是接受精神分析。

然而，弗洛伊德从未忽视这样一个事实：无意识的真正性质是流动而难以捉摸的。他称无意识"像电流一样，无法知晓"。基于这一想法，他反复调整他的地形模型，增添了额外的复杂层次。比如，他开始相信存在多种形式的无意识审查、额外的本能类型，以及进一步的复杂状况，如自恋概念。尽管如此，对于任何研究弗洛伊德的学生而言，他的心灵三阶段模型仍然是一个很好的研究起点。

自我、超我和本我

"有句谚语警示我们不要同时侍奉两个主人。可怜的自我遇到了更糟糕的事：它侍奉三个主人，并尽其所能协调他们的主张和要求……这三个暴虐的主人分别是外界、超我和本我。"

——西格蒙德·弗洛伊德，《精神分析引论》，1936

弗洛伊德的地形模型在 1923 年发生了最著名的一次演变，这一年，他发表了一篇题为《自我与本我》的论文。在这部具有里程碑意义的作品中，他提出了自我（ego）、超我（superego）和本我（id）的概念。这些都是理论建构，而不是生理事实，这三个概念与他之前提出的地形模型有明显的相似之处。

"本我"（id，源自拉丁文，泛指"它"）相当于无意识。本我容纳了我们的需求和欲望，力比多也从本我中产生。在没有任何道德原则的指导下，本我是个人本能驱动力的积累，并按照弗洛伊德所称的"快乐原则"来运作。也就是说，本我寻求快感的即时满足，并相应地回避痛苦。

因此，婴儿的举动可被视为完全遵循着本我的指令。例如，一个新生儿总是寻求饥饿和口渴等基本渴求的即时满足，根据弗洛伊德的说法，婴儿时期还存在满足性冲动的需求。他在 1922 年的一本著作中这样描述本我：

它是我们人格中黑暗的、不可触及的一部分……是一团混乱，一口充满了沸腾冲动的大锅……它充满着来自人的本能的能量，但它缺乏组织，不产生集体意志，而只在遵守快乐原则的前提下努力满足本能的需求。

在 1940 年于弗洛伊德去世后出版的《精神分析概要》中，他提道："它（本我）包含了所有遗传的、天生的以及最重要的本能，本能起源于躯体组织，在这里（在本我中）以我们不知道的形式找到最初的身体表达。"

本我的对立面是"超我"（superego；ego 源自拉丁文，意为"我"）。超我可被看作是我们自我批评和道德化的一部分，可以说是我们的良心。它反映了更广泛的社会标准，随着时间的推移，我们越来越多地接触到外界而逐步了解到这些标准。这种了解的过程始于父母的教诲，并且随着我们接触其他权威人士、教师和榜样而不断加深。

当本我告诉我们本能地想要什么的时候，超我为我们在社会结构中允许自己进行的行为设定了界限。因此，超我会引发诸如内疚、自责、羞耻、软弱和责任感等情感。由于它始于我们与父母之间不断发展的关系，弗洛伊德认为它直接延续了俄狄浦斯情结。因而，1930 年，他这样描述："超我是我们假设的一种权威，而良知是我们赋予超我的某种功能。这种功能即监督和评估自我的行动和意图，进行某种审查。"

在本我和超我之间，自我在努力充当着调解者的角色。虽然"自我"这个词在今天常被用来表示一种（通常是膨胀的）自尊感，但在弗洛伊德的框架内，自我是一个相当细致的概念。自我是我们有意识知觉和智能运作的基础，换言之，它是我们的理性和常识所在，具有多方面的作用。它通过压制本我的黑暗本能来保护我们（由自我通过潜意识实现，有点讽刺），并迫使我们斟酌安全、可敬和责任等概念。它作为个人的指南，鼓励我们去适应和发展，在本我的本能驱动力和超我强加的社会要求之间架起桥梁，以最好地实现我们的长期利益。

然而，正如本节开头的引文所示，善意的自我有一项艰巨的工作。在试图控制本我和缓和超我所固有的焦虑、内疚和不足的感觉时，它采用了各种防御机制，包括否认、转移和压抑。每个人都清楚，要在作用于我们的诸多力量间保持平衡，将是一场持续的战斗，而弗洛伊德的模型充分认识到了这一事实。

弗洛伊德对无意识心灵的描述乃世上诸多罕见的知识成就之一，真正从根本上改变了我们用以审视自己的参考指标。弗洛伊德本人也认识到了他的成就之伟大。1920 年，他在《精神分析引论》中写道：

几个世纪以来，人类朴实的自恋被科学之手给予了两次沉重的打击（指的是哥白尼和达尔文的思想）……然而，人类的妄自尊大还受到了来自当前心理学研究的第三次，同时也是最为沉重的打击，这种研究企图证明自我并不是自己家园的主人，它必须满足于心中潜意识地进行着的那些事件的少许信息。我们精神分析者不是第一个也不是唯一一个提倡自省的人；我们仅仅是赋予它以最有力的表达方式，并用能影响每一个人的经验材料作为对它的支持而已。[①]

---

①译文节选自《精神分析引论》，弗洛伊德著，彭舜译，陕西人民出版社2001年版，第 290 页。

没有人像你自己一样爱你

"谁坠入爱河就会变得谦卑。可以说，那些去爱的人已经出卖了他们的一部分自恋。"

——西格蒙德·弗洛伊德，《论自恋：一篇导论》
(*On Narcissism: An Introduction*)，1914

在上文引用的著作中，弗洛伊德为他的人类心理模型引入了一个新的组成部分——自恋（narcissism），或自爱（self-love）。这成为他解释人类行为（以及他最终建构的本我—自我—超我心理模型）的一个关键要素，尽管自恋与他的许多理论一样，曾经并持续存在争议。

自恋是他至少从 20 世纪前十年后期就开始反复思考的一个概念。就像俄狄浦斯情结一样，他从古典神话中寻找有关的心理状态。根据希腊传说，纳西索斯（Narcissus）是一个年轻的男孩，他爱上了自己在水池中的倒影。这个倒影仅仅是一个形象，永远无法回应他的爱。由于无法将自己从中解脱出来，他深陷绝望并自杀了。

弗洛伊德划分了两种不同的自恋状态。第一种是原发性自恋（primary narcissism），可被视为一种自然和正常的状态。他认为，由于我们出生时都没有自我和他人的意识，婴儿时期的初级自恋结合了对快感的性冲动和我们固有的自我保护本能。弗洛伊德写道，"爱自己"是"对自我保护本能的自我主义的性欲补充"。随着孩子接触到外界并发展其自我，初级自恋的阶段会消退。

与此相反，当力比多从自我的外部对象中退出并转向内部时，就会产生继发性自恋（secondary narcissism）。尽管弗洛伊德认为继发性自恋是发展过程中的一个自然阶段，但他称，与脱离继发性自恋有关的问题会在成年后引发潜在的病理状况，如自大狂（megalomania）和精神分裂症（schizophrenia）。例如，如果个人爱恋的外在对象（童年时期通常为母亲）未能用对等的爱、关怀和爱慕来补充主体的自爱储备（如今指向外部），就可能发生继发性自恋。

弗洛伊德及时研究了自恋是如何影响人类关系和我们对爱的对象的选择。在《文明及其不满》中，他写道：

如果我爱另一个人，他必须在某些方面值得我爱……如果在某些重要的方面，他与我如此相似，以至于我可以在他身上爱我自己，那么他就值得我爱。如果他比我完美得多，以至于我可以在他身上爱我自己的理想形象，他就值得我爱。

让自己感到自在

"当我给自己定下任务，要揭露人类所隐藏起来的东西……我认为这项任务比实际情况更艰巨。有眼睛看、有耳朵听的人可以说服自己，没有一个凡人能够保守秘密。如果他的嘴不说话，他就用他的指尖喋喋不休；背叛从他的每个毛孔中渗出。"

——西格蒙德·弗洛伊德，1905

当弗洛伊德和布洛伊尔于 1895 年出版《癔症研究》时，该书似乎让同行的临床医生两极分化了，却没有引起什么更大的涟漪。尽管如此，它标志着弗洛伊德在方向上的彻底转变。他不再是一个机械主义者，但他相信癔症的症状有心理（也就是说，精神）的根源。他坚信，对创伤性事件的无意识记忆会影响人的行为。

弗洛伊德公开推崇的一位科学家是德国物理学家赫尔曼·冯·亥姆霍兹（Hermann von Helmholtz，1821—1894）。亥姆霍兹在各个领域都做出了许多卓越的贡献，但弗洛伊德对他的热力学理论尤为感兴趣。亥姆霍兹认为，能量不会被摧毁，而是从一种状态转化为另一种状态。弗洛伊德不断发展的心理学模型也是基于一个类似的原则——精神能量不会消散，但当被压制或被逐出意识时，它会以一种新的形式重新出现在其他地方。因此，为了忘记创伤而被压制的能量，可能会以神经抽搐或其他身体症状的形式重新出现。

然而，到了 1896 年，弗洛伊德－布洛伊尔轴心内部开始出现裂缝。特别是，布洛伊尔对他的同事在这一年发表的一系列论文深感不安。在这些论文中，弗洛伊德提出癔症和神经症几乎无一例外地能够追溯到性方面的病因。这一概念是后来被称为弗洛伊德的"诱惑理论"（seduction theory）的核心。在对一组范围广泛但并非全面的案例研究集合（总共十三个）进行思考之后，弗洛伊德指出，几乎所有的受试者都遭受过性虐待事件，可以被确定为他们症状背后的指示事件。此外，这些事件发生在童年时期，而且通常是在病人不满四岁的时候。

他的结论是，被压抑的记忆几乎总是与成人对儿童的引诱或猥亵有关。他特别将指责的矛头指向了保姆、家庭女教师、佣人、学校教师和家庭教师，同时也认识到，在一些案例中，哥哥是施虐者。（弗洛伊德接着指责他童年时的一个女护士是他自己神经症的"主要始作俑者"，她既是"我在性方面的指导者"，又在他努力学习上厕所时流露出明显的不耐烦。）他认为，虐待事件随后被患者压抑，只在青春期后作为神经症的症状重新出现。

该领域的许多专家对这一新论点持高度怀疑态度，其中包括布洛伊尔，他认为并没有足够的证据来支持这些说法。由于他们二人的信念存在分歧，弗洛伊德的这一主张导致他们的关系有些疏远了。在这十年结束之前，弗洛伊德开始拒斥自己的这一理论，认为病人向他描述的某些情况是想象出来的。颇有争议的是，当代学者指出，这些创伤事件只是在弗洛伊德进行压力疗法唤起患者记忆后才"出现"，或者只是弗洛伊德对病人的症状和言语进行解读的产物。当然，弗洛伊德自己的很多病人都拒绝接受他们在童年时曾被性虐待的说法。

尽管弗洛伊德很快就放弃了他的诱惑理论，但他仍致力于通过研究心灵的有意识和无意识区域之间的互动，来治疗精神障碍。精神分析运动的种子已经播下，只待建立起精确的方法论。

1896 年被公认为是我们今天所理解的精神分析的诞生之年。正是在这一年，弗洛伊德创造了"精神分析"这个术语，这也标志着他开始试验新的技术，以鼓励病人说话，并打破围绕创伤性记忆的阻力。

在这时，他停止使用压力疗法，开始采用"自由联想"（free association）的方法。这一方法要求病人进入一个放松的状态，然后与治疗师分享他们的所有想法，不做任何自我加工。"自由联想"一词反映了一个想法或图像可能会在没有任何明确的逻辑发展的情况下，自发地导致另一个想法或图像出现。借助这种自由交谈的方式，治疗者希望病人能本能地提醒治疗师注意破坏性的无意识和被压抑的想法，避免临床医生将病人的想法引向特定方向的风险。正如弗洛伊德所说："精神分析首先是一种解释的艺术。"

沙发理论

此时，弗洛伊德也将沙发作为他实践中的一大特色，随着时间的推移，它将成为整个精神分析运动的默认象征。他的第一张沙发实际上是一张维多利亚时代的躺椅，是一位名为本维尼斯蒂夫人（Madame Benvenisti）的病人在 1890 年赠送给他的。因此，它见证了弗洛伊德与电疗、催眠和压力疗法的纠缠，但真正证明其价值的是他对自由联想的采用。事实证明，这是一个理想的工具，可以鼓励他的病人放松，并允许他们不必与医生进行目光接触便可以开口，而不必像传统的病人会诊时那样。他的确是故意把自己的椅子放在沙发后面的，可能是在一个女病人在沙发上对他示好之后（正如我们将看到的，这种情况很快就被视为精神分析学家的一种职业风险）。

弗洛伊德从他的维也纳诊疗室开启了一场知识革命。这场知识革命起初是悄无声息的，但很快就在国际舞台上宣告了自己的存在。在 1937 年回顾自己的职业生涯时，弗洛伊德评论道：

考古学家根据残留的地基砌起建筑物的墙壁，根据凹陷的地方确定柱子的数量和位置，根据在碎片中发现的遗物重新绘画，而当（精神）分析者从记忆的碎片、患者的联想和受分析对象的行为中得出推论时，他也在进行着与考古学家同样的工作。

突破壁垒

"精神分析就像一个想被引诱的女人，但她知道自己会被看轻，除非她反抗。"

——西格蒙德·弗洛伊德，《超越唯乐原则》，1920

弗洛伊德试图捕捉语言和非语言的线索，以解开病人的癔症和神经症的病因。随着时间的推移，他得出结论，即为了掩盖和压抑不愉快的记忆，心灵采取了一些关键策略。可以说，其中最重要的三个策略是：

- 转移（Transference）：这是一个病人不自觉地将他们对一个主体的感情完全转移到另一个主体的过程。

- 投射（Projection）：病人不自觉地将自己与自己的冲动和想法隔绝开来，否认它们在自己身上的存在，而是将它们归于他人。弗洛伊德后来认为，投射并不是任意发生的，而是采用了一个主体，在这个主体中，病人可以无意识地发现被投射的思想或感觉的一些痕迹。例如，受试者 A 可能指责受试者 B 对 A 的兄弟的妻子抱有欲望，但是实际上 A 自己对她的情感比 B 所感受到的短暂吸引力要强烈得多。

- 抵制（Resistance）：在这种情况下，病人培养出了一种心理障碍，禁止他们回忆或接受某一特定的事件或想法。换句话说，自我建立了对感知到的威胁的防御。在实践中，这可能表现为病人有意地不配合医生。

弗洛伊德认识到，应该由临床医生想出一些方法（如自由联想技术）来克服所有这些可能破坏病人康复的潜在障碍源。然而，转移对医生和病人都具有特定的风险，因为前者是后者首要的转移目标。

　　这可能表现为病人对心理治疗师产生的一种浪漫或色情的依恋。当然，对病人来说，心理治疗师也可能成为某种英雄式的人物，破解造成病人痛苦的原因，并减轻他们的症状——的确，病人可能会对心理治疗师感到全身心的依赖。弗洛伊德很可能就是在一次这样的插曲之后，把他的椅子挪到了病人的沙发后面。当时，一位女病人试图向他表明自己对他显而易见的爱慕。同样地，安娜·欧在接受布洛伊尔治疗的几个月里，开始相信自己爱上了他。布洛伊尔再也没有对一个病人进行过如此长时间的全面治疗（这导致他将几个客户转给了弗洛伊德），极有可能是重新引导安娜的爱情移情这一额外的负担，造成了他的疲惫感。

　　然而，病人也会很容易将愤怒、怨恨或不信任的情绪转移到其他地方。例如，弗洛伊德最著名的个案研究之一，即"鼠人"的研究，包括了一个被试者对弗洛伊德疯狂发怒的情节。但弗洛伊德看到，转移可以作为一种识别神经症病因的来源，即便它似乎会阻碍治疗。他说，这是因为神经症患者是在重复而不是在记忆——也就是说，当病人利用转移作为对创伤性思维的保护时，他也在与转移的主体上演一场可以帮助确定创伤来源的冲突。

医者自医

"他的决心、勇气和诚实让他成为第一个不仅能一瞥自己的无意识思维的人，他还能真正地进入并探索自己无意识的最深处。这一不朽的壮举带给他独一无二的历史地位。"

——欧内斯特·琼斯，《西格蒙德·弗洛伊德的生活与工作》(*The Life and Work of Sigmund Freud*)，1953

弗洛伊德的父亲于 1896 年去世，这给他带来了重大的影响，尤其是在他开始敏锐地意识到自己有神经症的症状。例如，他注意到自己做噩梦的频率比以往更频繁，产生了低落的情绪和更普遍的情感障碍，甚至遭受心律不齐的痛苦。

　　弗洛伊德意识到了这些症状与父亲去世之间的关联，从 1897 年到 19 世纪结束，他展开了严格的自我分析。这涉及他对自己的梦境和童年记忆的审视，是一项极具挑战性的任务，且让人筋疲力尽、痛苦不堪，但又振奋不已。他在写给威廉·弗利斯的信中分享了许多这段经历的细节。弗利斯是柏林的一位耳鼻喉科专家，尽管其他人并不怎么支持弗洛伊德，但他对弗洛伊德如此大胆的想法抱以认真严肃的态度。事实上，弗利斯自己也有一些相当离谱的想法，包括他曾提出过一种认为性病源于鼻黏膜紊乱的理论（他在不久后为弗洛伊德的鼻子进行了两次手术）。两人于 1893 年开始通信，在弗洛伊德与布洛伊尔分道扬镳后，弗利斯成为了他事业上的重要知己。弗洛伊德对其自我分析的重视，可借用他在 1897 年写给弗利斯的信中的内容来概括："我所关注的主要病人是我自己。"他写道："生命中一些可悲的秘密，它们最初的根源正在被追溯。我现在正亲身经历着发生在我的病人身上的所有事情，这是我作为第三方曾经目睹的。"

弗洛伊德在面对自己的心魔时表现出特有的勇气，他在自己身上所做的许多工作都直接融入了之后几年的出版物中，这些出版物推动了他的成名。从他愿意分享自己小时候一个尤为棘手的梦的分析这事便可以看出他对手中工作的不妥协态度。在那个梦中，他看到他正处在平静睡梦中的母亲被一群长着鸟嘴的人抬进了一个房间，然后将她放在了一张床上。弗洛伊德从梦中惊醒，他又哭又闹，然后逃进了他父母的卧室。

弗洛伊德的分析是这样的。由于他对古代世界抱有浓厚的兴趣，他曾看过古代埃及的鸟头人图像。同时，他认识的一个男孩告诉他，"鸟"这个词（在他的母语德语中）是一个与性有关的俚语。弗洛伊德由此得出的结论是，他对母亲可能会死亡这件事所产生的明显的焦虑，其实是他对母亲怀有性冲动的焦虑的掩饰。特别是在他四岁时，他在从莱比锡开往维也纳的火车上偶然看见了母亲的裸体，这段记忆刻在了他的脑海中。此外，他认为母亲在梦中平静的表情是他祖父在死亡时表情的转移，而且这个梦包含了他父亲死亡的元素。

正如我们将看到的，这种分析会在《梦的解析》一书中得到更正式的回应，特别是在有关俄狄浦斯情结的表述中。随着时间的推移，弗洛伊德认为精神分析运动的成员应该像他那样进行自我分析，并将其作为准则。正如他在《精神分析新论》中所写的那样：

当我告诉你，我们并不喜欢给人一种作为秘密社团成员和从事神秘科学研究的印象，你可以相信我。然而，我们不得不承认并表达我们的信念，即如果一个人没有特别的经历，那么他就没有权利参加有关精神分析的讨论，而这些经历只能通过对自己展开分析来获得。

勇敢去梦

"释梦是通往心灵无意识活动认识的捷径。"

——西格蒙德·弗洛伊德，《梦的解析》，1899

在展开自我分析的同时，弗洛伊德开始撰写《梦的解析》，并于1899年底出版，不过该书的页面上写的出版年份为1900年。这本书受到冷遇——其销售量在几年时间里始终保持在四位数以下。然而，现如今，这本书大概已经成为他最广为人知的作品。这本通俗易懂的著作包含了许多支撑弗洛伊德自身的"哥白尼式革命"的基本信条。

弗洛伊德热衷于引用柏拉图的论断，即梦是自我认识的来源，并带有疗愈功能。他认为梦既提供了对过去的一瞥，又为我们打开了通往潜意识的窗口。此外，他认为梦的内容并非微不足道（尽管它们在我们的复述中可能会显得这样），而是指向占据我们无意识头脑的深层问题。正如他所称："梦从不关乎琐事，我们不允许自己的睡眠被琐事干扰。"他认为梦使我们能够放心地处理那些在我们的潜意识中无法直面的可耻或不安的想法与感受。他写道："所有的梦在某种意义上都是给人以方便的梦。它们的目的是延长睡眠而不是将人唤醒。梦是睡眠的守护者，而非干扰者。"

那么，是什么让《梦的解析》成为如此重要的文本？最重要的是，弗洛伊德是以科学理由令人信服地（诚然是有争议的）论证梦是无意识反映的第一人，他告诉我们，当我们处于深度睡眠时，我们的意识处于休眠状态中，就会做梦。为了对梦展开逻辑分析，他还制定了基本规则，在以往充满无序的分析中强加了某种秩序。在 1940 年的《精神分析概要》（*An Outline of Psychoanalysis*）中，他以这番话承认了梦的困惑性：

> 大家都知道，梦境可能是混乱且难以理解的，或完全是无意义的。它们所说的可能与我们对现实的所有了解相矛盾，而我们在梦中的行为就像疯子一样，因为只要我们在做梦，我们就会把客观现实归于梦的内容。

在《梦的解析》中，弗洛伊德提供了由两部分内容组成的结构分析，认为每个梦都包括：

- 显性内容——做梦者所回忆的梦中事件
- 潜在内容——隐藏在显性内容背后的无意识想法和编码

弗洛伊德认为，可观察的梦的内容来自于睡眠时的感官体验，并结合了人们近期的忧虑和关注（"日间残留物"）。同时，潜在内容包括来自潜意识的被压抑的愿望，这些愿望以伪装的形式附着在显性内容上（这一过程被称为"做梦过程"）。弗洛伊德所指出的掩饰无意识思想的两种主要模式，分别是浓缩（多个想法、对象和主题被汇集到一个物体或人的身上）和移置（意义被转移到另一个不同的人、物体或行动中）。例如，如果你看见一个人在一辆蓝色的汽车前被刺伤，你可能会把你对袭击者的恐惧移置为对蓝色汽车的恐惧。弗洛伊德说："梦的移置与浓缩，是两个支配因素，我们或许可以……将梦的形式归因于它们的活动。"

他在书中还提出了其他大胆的主张，其中或许最值得注意的一个主张是："当完成解释的工作后，我们会发现，梦是愿望的实现。"他接着解释说，"人们越是忙于解决梦的问题，就越是容易承认，大多数成年人的梦都涉及性方面的素材，并表达了色情的愿望。我们很容易想象到这样的论点在19世纪末的欧洲会客厅里是如何发挥其作用的。不过，关于愿望的实现及其性的本质，我以后还会做更多的介绍。"

尽管《梦的解析》在最初出版时没能在世人心中激起火花，但弗洛伊德确信，他已经点燃了理解人类心灵革命的导火索。1909年，他回顾了自己完成该书后的感想："我已经完成了我毕生的工作……我已经没有什么可做的了……我还是躺下等死吧。"在写作《梦的解析》之前，弗洛伊德的工作主要是研究精神异常（如癔症和神经症），但通过参与梦境相关的研究，他的实践扩展到了对整个心灵的探索——包括其"不正常"和"正常"状态。这是精神分析发展过程中的一项重要研究，弗洛伊德于1925年将其描述为"一个崭新的、更深入的心灵科学的起点，它将对于……理解正常人而言必不可少"。

个案研究：朵拉

"简而言之，做梦是我们用来规避压抑的手段之
一，是可被称为心灵中的间接表征的主要途径之一。"

——西格蒙德·弗洛伊德，
《一个癔症案例的分析片段》，1905

弗洛伊德的传记作者之一，彼得·盖伊（Peter Gay）曾说《梦的解析》"不仅仅关乎梦。它是一本既坦率又狡黠的自传，其所遗漏的内容和所披露的内容一样激发人的好奇心"。事实上，弗洛伊德的确允许读者在书中接触到他自己的梦境。例如，他回忆起某个梦（或者说是一个更长的"图恩伯爵"梦的一个片段），在这个梦中，他发现自己身处一个火车站，进行了某种伪装，和一位年长的失明（或部分失明）男士待在一起，弗洛伊德递给这位男士一个玻璃小便池，对方随后在他面前小便。

　　就在这时，弗洛伊德从梦中醒过来，他自己需要去厕所。他分析说，这个梦与他七八岁时发生的一件小事有关。当时，他没能正确地使用尿壶，于是他的父亲雅各布对他母亲说这个孩子永远都不会有出息，而弗洛伊德无意中听到了父亲的话。同时，出现在梦中的失明与雅各布的严重眼疾有关，也与弗洛伊德在眼科手术中推广使用可卡因有关。至于其当众撒尿的行为，它使得父亲的形象处于一种羞耻和无助的境地，类似于弗洛伊德过去多年来在他父亲掌控下的经历。因此，弗洛伊德将自己的生活和梦境变成了他的研究材料。

　　然而，他最广为人知的梦境分析，是在《梦的解析》问世之后的几年内发表的一系列个案研究。第一个个案是1905年发表的关于一个名叫朵拉的病人的案例。这一案例令弗洛伊德观察到：
"那些有眼睛看、有耳朵听的人很快就会说服自己，凡人无法隐藏任何秘密。"

朵拉 [她的真名是伊达·鲍尔（Ida Bauer）] 于 1900 年到弗洛伊德处就医，彼时的她是一个患有癔症的 18 岁少女。她表现出诸如咳嗽、失忆、偏头痛、昏厥和抑郁等症状。她的父亲将她带到弗洛伊德那里，他自己也曾接受过弗洛伊德的医疗护理。朵拉与弗洛伊德共进行了为期十一周的分析，最后她拒绝了诊断的主要内容，中断了问诊。

朵拉与她的双亲生活在一起，他们忍受着无爱的婚姻。然而，这对夫妇与另一对被称作 Herr K 和 Faru K 的夫妇关系十分密切。朵拉的父亲健康状况很差，K 夫人承担起了一部分照顾他的工作。尽管朵拉个人很喜欢 K 夫人，但她开始怀疑对方与自己的父亲有染。与此同时，朵拉指责 K 先生对她进行了性挑逗，对方否认了这一指控，她的父亲似乎也对此表示怀疑。弗洛伊德最初也对这个问题的判断持保留态度，尽管朵拉坦言，她觉得父亲并不想禁止 K 先生与她接触，因为担心会破坏他自己与 K 夫人的安排。

朵拉还向弗洛伊德叙述了一个反复出现的梦，在这个梦中，他们的房子被烧毁了，她的父亲突然叫醒她。她的母亲在没找到珠宝盒之前拒绝离开，这令他的父亲勃然大怒，他想带着朵拉和她的兄弟姐妹立即出逃。在一个层面上，弗洛伊德发现了一种无意识恐惧的存在，这种恐惧与听说朵拉表兄弟有点燃火柴的习惯有关，而且她的母亲坚持要锁上挡住潜在逃生通道的餐厅门。

不过，他还认为，在梦中的朵拉父亲实际上也是对K先生形象的描绘，这是一个典型的移置案例。因此，朵拉对自己突然被父亲唤醒的惊慌失措，反映了她对来自K先生性挑逗的恐惧。K先生之前曾送给朵拉一个珠宝盒（jewellery box），这个词在当时是女性生殖器的俗称。在弗洛伊德看来，保护"珠宝盒"不受大火破坏所隐含的激情，以及朵拉的父亲拒绝牺牲家人来拯救它，这些都具有新的象征意义。

弗洛伊德告诉朵拉，她对自己的父亲和K先生都怀有压抑的欲望，同时对K夫人抱有嫉妒和欲念，这令朵拉十分不满，她选择了停止治疗。然而，弗洛伊德报告说，两年后她又回来了，并告诉他，她后来与K夫妇对峙，症状已经缓解了。虽然弗洛伊德承认了自己在治疗这位年轻女性方面的失败（朵拉并不认为自己已经痊愈），但朵拉的案例是他作为释梦者能力进展的另一个里程碑。

如愿以偿

"我自己也不知道动物的梦是什么。但有句谚语……确实声称知道。谚语自问自答道:'鹅梦见的是什么?是玉米。'梦是愿望的实现,整个理论就包含在这两句话中。"

——西格蒙德•弗洛伊德,《梦的解析》,1899

梦的"目的"是什么？长期以来人们始终争论不休。它们是对即将发生事件的预言、对近期发生事情的反思、解决问题的练习，抑或全然是别的什么？到目前为止，还没有人提出证据来证明这些，或是证明许多其他建议的合理性。因此，弗洛伊德坚信梦境提供了愿望的实现，这是极富戏剧性和冲击力的，而他所提出的梦境主要是性方面愿望的这一观点，则不啻为不合体统。他还指出："在解释梦境时，绝不能忘记性情结的重要性，当然，我们也不能夸大它而排除所有其他因素。"他自己的一个梦使他走上了把梦看作愿望实现的理论道路，而这个梦的性质却显然不关乎性。

　　1895 年，弗洛伊德做了一个"厄玛注射的梦"，这是他进行严格自我解析的第一个梦，尽管他承认在他的解析中仍存在着不足。在现实生活中，厄玛是弗洛伊德在 1895 年夏天接诊的一个病人。她拒绝了弗洛伊德建议的一个特定治疗方案，虽然她的健康状况已有所改善，但依旧存在一些症状。在弗洛伊德做梦的前一天，他的同事告诉他说厄玛"好多了，但还没完全好"。

　　弗洛伊德这样描述他的梦：

　　在一个大厅里，有众多的客人，我们正在接待他们。其中有厄玛，我马上将她拉到一边，似乎是要回复她的来信，并责备她还没有接受我的"解决方案"。我对她说："如果你还感到疼痛，那真的只是你的错。"她回答说："要是你知道现在我的喉咙、胃和腹部都有哪些疼痛就好了，这些痛简直令我窒息。"我很震惊，看了看她。她看起来脸色苍白，身体浮肿。我心想，毕竟我一定是忽略了一些整体的麻烦。我把她带到窗前，看着她的喉咙……然后她正常地张开嘴，在口腔右边我发现了一个大的白斑；在另一个地方，我看到一些明显的卷曲结构上带有大量的白灰色痂皮，这些结构显然是以鼻子的鼻甲骨为模型。我马上叫来了 M 医生，他重复检查了一遍并证实了这一点："这毫无疑问是一种感染，但不要紧；痢疾会随之而来，毒素会被消除的。"……我们也直接意识到了感染的来源。不久之前，她感到不舒服，我的朋友奥托给她打了一针……（我看到我面前印着粗字体的公式）……这种注射不应该如此草率进行，而且注射器本身可能并不干净。

　　弗洛伊德一觉醒来后，便记下了这个梦的细节。显然，他前一天与同事的交流是这个梦的起点，但他如今试图探索梦中的许多细节，并将它们与自己的潜意识想法联系起来。例如，他将鼻甲骨上的白灰色痂皮与女儿所患的疾病以及他对自己健康的担忧联系在一起。他还讲述了自己医疗生涯中的失败经历，包括一个病人对他开出的一个处方反应很差，而他不得不向一位更有经验的同事求助。因此，他将自己的梦视为批判自己作为临床医生能力的手段，同时更关键的是，也是为了缓解他当初未能完全治愈厄玛的疾病所产生的内疚之情。他希望免除自己的责任，而这个梦让他实现了这一点。

鹅梦见什么？玉米。弗洛伊德梦见了什么？他希望能让自己的病人变得更好，而非更糟。

雪茄不只是雪茄

"梦往往是在它们看起来最疯狂的时候最深刻。在历史上的每一个时代，那些有话要说但又不得不冒着风险说的人，都急切地戴上了一顶傻瓜的帽子。"

——西格蒙德·弗洛伊德，《梦的解析》，1899

弗洛伊德声称自己能够理解梦的潜在本质，这在很大程度上取决于他对梦的符号及象征所展开的复杂而细致的解析。出现在梦的显性内容中的事物，哪怕只是一个看起来微不足道的细节，也可能是打开做梦者潜在思想的钥匙。

然而，尽管弗洛伊德式的符号对他提出的无意识理论至关重要，但它们也深受不相信弗洛伊德理论之人的嘲弄。这主要是由于梦的解析过程，从一开始到现在，就其本质而言都是非常主观的，而且常常令人感到不适（尤其是在其往往赤裸裸的性内容方面）。在《梦的解析》中随处可见弗洛伊德关于如何解码梦的符号的准则。例如：

这些都是全然无误的：梦中包含身体器官和功能的象征，梦中的水通常指向泌尿系统的刺激，男性生殖器会借一根直立的棍子或柱子来表示，等等。

又如：

盒子、箱子、柜子、橱柜和烤箱，以及空心物体、船只和各种容器，都代表子宫。

再如：

为了象征性地表现阉割，梦境中借用了秃头、剪发、掉牙和砍头。如果阴茎的其中一个常见符号在梦中出现，而且是以双倍或多倍的形式，就会被视为是对阉割的一种抵制。

其他符号的含义则可能更加隐晦。在书中的一个段落中，弗洛伊德讲述了一个犹太女子的故事，她梦到一个陌生人递给她一把梳子。就在做这个梦之前，这个女子因打算嫁给一个基督徒追求者而与她的母亲发生了激烈的争吵。当弗洛伊德问她这把梳子引发了什么联想时，这位女子回忆起了童年时的一件事，当时她的母亲责备她拿起了陌生人的梳子，警告说使用它有"混血"的危险。因此，这把梳子就成了这个女子自身恐惧的象征，她害怕与非犹太教徒结婚会引起反对意见。

弗洛伊德最为复杂的释梦是有关一个"狼人"，他在1910年接手了这个病例。"狼人"实际上是一个20岁出头的俄罗斯贵族，名叫谢尔盖·潘基耶夫（Sergei Pankeieff），他因精神问题而几乎丧失了基本能力。弗洛伊德给他取了这个假名，是因为他做了以下这个反复出现的梦，而弗洛伊德在1918年的《孩童期精神官能症案例的病史》（*From the History of an Infantile Neurosis*）中记录了这个梦：

我梦见一天晚上，我正躺在床上，忽然，窗户自己开了，我惊恐地看到有六七头白狼正坐在窗前的大核桃树上。它们的皮毛相当雪白，看起来更像是狐狸或者牧羊犬，因为它们有着像狐狸一样的大尾巴。当它们注意到什么时，它们像狗一样竖起了耳朵。我害怕极了，显然是怕被它们吃掉，于是我尖叫着惊醒了。

弗洛伊德认为，"狼人"从四岁起就开始做这个梦，这为确定他的神经症病源提供了路径。例如，在弗洛伊德的解析中，长长的尾巴与这个男孩童年时期对阉割的恐惧有关。狼群象征着男孩的父亲，而它们的静止不动反而代表着暴力的运动。原来，在狼人两岁时，他从午睡中醒来，目睹了他的父母正在激烈地做爱，这一情景让他充满了恐惧，表现为对狼的毕生恐惧。当然，这只是弗洛伊德非常详尽的解析内容的浓缩概要，但这有助于说明梦的解析和其中的符号如何成为他治疗实践的关键内容。

然而，他清楚地意识到，想要对任何事物进行意义解读是很危险的——无论是对准确的诊断，还是对精神分析整体的可信度而言，都是如此。"有时雪茄只是一支雪茄"，换言之，它并不一定是阳具的象征，这一观点常被认为出自弗洛伊德之口，他是出了名的爱抽雪茄，不过这几乎可以肯定是谬误。然而，他还是对这一看法表示了赞同，因为有一个病人做了一个梦，梦中她手里抓着一条蠕动的鱼。病人自信地告诉弗洛伊德，这条鱼肯定代表阴茎。弗洛伊德却反驳说，她的母亲是一位敏锐的双鱼座占星师，且曾明确表示反对女儿与他进行问诊，所以这条鱼更可能代表她的母亲。有时一条鱼只是一条鱼，或一个女家长，而非阴茎。

无处不在的性

"我越是着手寻找这种干扰，即考虑到每个人在性的问题上都会隐藏真相，我就越是熟练地在面对初步否认的情况下继续询问，越能经常发现性生活中的致病因素。"

——西格蒙德·弗洛伊德，1907

尽管弗洛伊德承认，在精神分析中除了性的因素以外，还应该考虑其他因素，但他的名字很快就成了性的同义词，并一直持续到现在。音乐学家（也是小汉斯的父亲）马克斯·格拉夫（Max Graf）指出，在维也纳的圈子里，"……他是一个能在一切事物中看到性的人。在女士们面前提起弗洛伊德的名字，是很低俗的"。

弗洛伊德对癔症中性的病因的关注，是导致他在19世纪90年代与布洛伊尔分道扬镳的主要原因，也是他在随后几年里与弗利斯通信中的一个重要主题。例如，他在1897年曾有过这样的观察：

> 我恍然大悟，手淫是一个重要的习惯，是"主要的瘾"，其他事物，如酒精、吗啡、烟草等的瘾，只是作为它（手淫）的替代而萌生的。

到了1905年，他告诉美国神经学家詹姆斯·普特南（James Putnam）（用手肘轻碰对方并眨了眨眼）：

> 社会所定义的性道德，其最极端的形式，即美国的性道德，让我觉得十分可鄙。我支持无限自由的性生活，尽管我自己鲜少利用这种自由，唯有在我认为自己有权利用的情况下才利用。

而在 1908 年，他于《"文明的"性道德与现代神经症》（*"Civilized" Sexual Morality and Modern Nervous Illness*）中写道：

如果一个人在赢取他所爱的对象时精力充沛，我们相信他将以同样坚定不移的精力追求他的其他目标；但是，如果出于各种缘由，他不去满足自己强烈的性本能，那么他的行为就将是和缓且顺从的，而不会在生活的其他方面也充满活力。

卡尔·荣格（Carl Jung）于 1962 年回顾了他与弗洛伊德在大约五十年前的痛苦决裂，他说："弗洛伊德在他的性理论中所投入的情感，达到了非同寻常的程度，这是无可厚非的……他是一个伟大的人，更重要的是，他是一个被自己的恶魔所掌控的人。"

可以说，1905 年出版的《性学三论》（*Three Essays on the Theory of Sexuality*）进一步稳固了弗洛伊德作为"性学专家"的声誉。他自认这是能够比肩《梦的解析》的最杰出的作品。在《性学三论》中，他阐述了有关人类性行为的全面理论，尤其是与童年有关的理论。正如我们可以预料的那样，这个主题在世纪之交的社会中引发了骚动。

三篇论文中的第一篇题为《性变态》，弗洛伊德在这篇文章里探讨了性变态的本质，并对性对象（他指的是具有性吸引力的对象）和性目的（性欲所追求的行为）作了区分。他将"正常"的性目的描述为"生殖器在被称为交合的行为中的结合，这引发了性张力的释放和性本能的短暂消亡———种类似于饱腹的满足感"。接着，他就恋童癖和人兽交（他指出，尽管这被视为精神病患者的变态行为，但其在"正常"人的身上也很明显），以及同性恋等微妙的话题进行了讨论。可想而知，他得出的结论是，可被感知的变态行为的根源在于受试者的童年经历。

第二篇论文《幼儿性欲》，试图分析儿童从出生开始的性发展，并探究性心理如何不断发展直至成年。在那个时代，这是一部真正震撼人心的作品，彼时的人们不仅推崇童真，还将其神圣化。弗洛伊德在论文首次出版后的十多年时间里，对其进行了大幅的修改，下一节将对此进行更深入的探讨。

同时，最后一篇论文《青春期的改变》试图追溯从婴儿时期的性行为到以性交为目的的成人性行为的发展历程。

到了 20 世纪 20 年代，这些文章经过多次修改后，文集的篇幅增加了大约一半。全书似乎已不怎么关注童年和成人性行为之间的差异，而更重视追溯弗洛伊德所认为的从前者到后者的必然路径。

性的关键阶段

"当一个婴儿吃饱了奶，心满意足地离开母亲的乳房，脸颊绯红，甜蜜地进入梦乡时，这种状态很容易让人联想到一个成年人获得性满足后所出现的表情。"

——西格蒙德·弗洛伊德，
《幼儿性欲》，1905

弗洛伊德提出的性心理发展理论，之所以如此引人注目和令人震撼，在于它呈现给我们这样一个观点：人类的性行为从我们出生的那一刻起就开始演变发展了。事实上，他认为人类的性生活发生在两个不同的阶段——幼儿期，以及在经历青春期后进入成年期——这让我们有别于动物。在一个默认性行为只出现在青春期（引申开来，那就是年幼儿童的灵魂和思想都没有受到这种基本欲望的污染），以及"正经人"应该能够控制他们性冲动的社会，弗洛伊德代表着对公认的社会规范的严重威胁。上述引文能让人感受到他所采用的挑衅话语。

不过，重新定义"正常"是他职业生涯的独有印记，在性方面也是如此。例如，他打破了性欲有一个天然固定的对象（即异性生殖器性交）这一观点，提出同性恋和双性恋是婴儿性发育的自然结果，而不是像人们常说的那样，是由生理缺陷或道德堕落造成的。此外，他认为神经症和其他形式的精神障碍，通常源于性发展的任意特定阶段引起的焦虑。

弗洛伊德的性发展模型的核心是，我们生来就拥有力比多（基本的性冲动）。他认为，人类生来就有"多形性变态"，也就是说，婴儿直到五六岁都能够从身体的任意部位获得性快感，他/她尚未经历社会化进程的影响，而社会化进程赋予了异性恋和以生殖器为核心的欲望特权。弗洛伊德提出了一个标准的性心理发展的五阶段模型，其中不同的性感区成为性快感的焦点。他认为，与任何特定阶段有关的挫折或"失败"（例如，招致尤其是父母，或其他社会实体对特定性感区的批评），可能导致该特定区域的僵化，这反过来就可能发展为成人神经症。譬如，在"肛门期"，父母若在训练孩子如厕时过分严格，那么可能会导致孩子在清洁或整洁方面形成强迫性人格，即现代流行的民间传说中的"肛门癖"。那么，弗洛伊德所概述的五个阶段究竟是什么？

- 口唇期：大致持续到婴儿降生后的第一年，在此期间，口唇是满足性欲冲动的主要手段。在这一阶段，幼儿被本我所支配，但当幼儿意识到他／她拥有自己的身体，且不同于周围的世界时，自我就会得到发展。断奶的过程教会了幼儿自我意识，尤其是当他／她了解到自己对环境的控制力有限时，也培养了延迟满足的想法，这反过来又促进了采取策略（如哭闹）来获得满足（例如在乳房上进食母乳）。

- 肛门期：从幼儿十八个月到三岁，当重点性感区从口腔转移到肛门时，就会经历这一阶段。如厕训练是此阶段的一个关键方面，在此期间，本我（释放和满足欲望的需求）与自我（出于社会对有序地消除身体废物的要求，必须进一步接受延迟满足）发生冲突。弗洛伊德于 1912 年写道："排泄物与性密切相关，二者密不可分；生殖器的位置——大小便之间——仍是具有决定性的且不可改变的因素。在此，人们或许可以用伟大的拿破仑的一句名言来形容：
'人体即命运'。"

- 性器期：持续在三至六岁之间，生殖器成为主要的性感区。在这一阶段，儿童越来越意识到自己和他人身体的特点，并确认了男女性身体的差异，以及不同的性别期望。这一阶段的特点是弗洛伊德所命名的"俄狄浦斯情结"，这是他最著名也最富争议的观点之一，在本书后面有更详细的介绍。

- 潜伏期：大约从六岁到十二岁，在这一阶段，不受约束的本我冲动被隐藏起来，超我则经历了一个强化发展期。性欲冲动被引向可被社会接受的其他满足形式，如爱好和友谊的发展。

- 生殖期：这是第五个也是最后一个阶段，从青春期一直持续到成年。在这一阶段，可识别的性冲动（集中在生殖器上）再次浮现，但与性器期不同，此阶段的性冲动受到自我和超我的调节。弗洛伊德相信，在一个完整的性发展过程中，成年人建立起了独立于父母的心理自立，并能够从事社会上"适当的"成人性生活，这种性生活通常以异性关系和生育欲望为中心。

根据弗洛伊德的假说，任一特定阶段的不完全发展，不仅可能导致神经症，还可能引发"变态"——例如，窥视癖、露阴癖或恋物癖。同时，弗洛伊德自己也承认有关同性恋和双性恋的理论是不完善的，但他认为，同性恋可被视为性欲对自我的反转。

　　弗洛伊德在他最著名的个案研究之一——"鼠人"中采用了自己的激进理论。受试者名为恩斯特·兰泽（Ernst Lanzer），一位二十多岁的律师，多年来一直患有各种强迫性神经症。然而，在他于1907年向弗洛伊德问诊之前，他的症状已经日益恶化，整个疗程共持续了约六个月。兰泽患有一系列的强迫症，包括想用剃刀割断自己的喉咙。不过，他的恐惧主要是担心一个年轻女人（她将在不久后成为他的妻子）和他父亲（已经去世好几年了——他对父亲的担忧所造成的不理智并没有在"鼠人"身上消失）的健康和安全。特别是，他开始执着于这样的想法，即这两个对他而言无比重要的人将遭受一种可怕的酷刑，这是他从一位军官那里听说的。这位军官告诉他一种据说是源自东方的做法，就是在受害者的臀部绑上一盆老鼠，而老鼠需要吃掉臀肉才能逃出生天。

　　随着时间的推移，弗洛伊德建立起了一个复杂的图景，即心理防御机制与象征性和言语联想之间的相互作用是造成病人恐惧的基础。他认为"鼠人"的神经症源于他童年的性经历。他尤其指出，"鼠人"天真地担忧自己的父亲会因为他早期大胆的性举动（包括手淫和对家庭教师所怀有的性好奇）而惩罚他，这形成了性快感和内疚感之间不可磨灭的联系。

　　"鼠人"害怕自己受到惩罚，于是将这种恐惧转嫁到他的未婚妻身上，而他对父亲不为人知的怨恨之情则转化为恐怖可怕的事情会降临到父亲的身上（尽管奇怪的是，它已经以死亡的形式降临了）。因此，弗洛伊德参照自己的幼儿性发育理论，试图治疗"鼠人"的神经症。然而，这个故事最终并没有走向一个圆满的结局——弗洛伊德后来指出，"病人的精神健康通过解析得以恢复"，但"像许多重要的和有前途的年轻人一样，他在大战中丧生"。

今天，弗洛伊德关于性心理发展的许多研究，受到来自该领域专家们的审慎考量。这无疑是一个不完整的故事，在某些方面——如对同性恋的处理——反映了他自己所处时代的价值观，即使他似乎对这些价值观产生了怀疑。然而，在弗洛伊德关于这一领域的理论问世后的一个多世纪里，尽管其中大部分细节可能已遭否定，但它们仍继续促使我们审视自身作为复杂和混乱的个体，是如何演变出我们的个性和心理结构的。

俄狄浦斯情结

"在童年的后半段时期，男孩与父亲的关系发生了变化——这种变化的重要性是不言而喻的……他发现他的父亲不再是最强大、最聪明和最富有的人；他对他愈发不满，学会了批判他，以及评估他在社会中所处的地位；然后，作为一项规则，他让他为给自己带来的失望付出沉重代价……他不仅成为一个模仿的榜样，也成为男孩要摆脱的榜样，以取代他的位置。"

——西格蒙德·弗洛伊德，
《关于男孩心理的一些思考》，1914

弗洛伊德的诸多挑战常规的观点，鲜少有能像俄狄浦斯情结那样完全刻入大众的脑海的，尽管后来的众多理论家早已驳斥了这一观点。简而言之，俄狄浦斯情结指的是，所有处于性器期的儿童对双亲中与自己性别相反的那一方抱有的无意识的性欲，以及对与自己同性的那一方抱有的排斥心理。围绕这些愿望所产生的错综复杂的情感，需要在性发展的脉络中得到充分释放，以免日后造成心理问题。同时，潜伏期是以压抑俄狄浦斯情结开始的。

　　弗洛伊德从希腊神话中寻找理论框架，并采用了底比斯城邦国王俄狄浦斯的故事。俄狄浦斯是拉伊奥斯国王和王后约卡斯塔的儿子，当拉伊奥斯求助于著名的德尔斐神谕，想知道自己和约卡斯塔能否在孕育子嗣方面得到庇佑时，麻烦就开始了。神谕预言他们会有一个儿子，但他会杀死拉伊奥斯并迎娶约卡斯塔——这根本不是国王所期盼的答案。在约卡斯塔怀孕并生下一个男孩后，拉伊奥斯刺穿了孩子的脚踝（俄狄浦斯意为肿脚），并命令一个牧羊人将男孩扔到山里，让他自生自灭。

　　然而，牧羊人却无法完成这项命令。俄狄浦斯最终发现自己身处一个宫殿里，主人是没有孩子的科林斯国王波里布斯和王后梅罗佩，他们选择收养他。成年后的俄狄浦斯得知波里布斯可能不是自己的亲生父亲，于是，他从德尔斐那里得知了有关自己的预言，即他将杀死自己的父亲，与自己的母亲结婚。他认为这指的是波里布斯和梅罗佩，于是决定不再回到科林斯，而是前往底比斯。

在去往底比斯的路上，俄狄浦斯与一个从另一边过来的车夫发生了争执，随后爆发了争斗，俄狄浦斯杀死了车夫和他的主人拉伊奥斯。神谕预言的第一部分内容就这样应验了。过了一会儿，俄狄浦斯遇到了斯芬克斯，它一直在恐吓底比斯人，并杀害那些不能答出它的谜语的人。然而，俄狄浦斯答出了谜语，并杀死了斯芬克斯。当他抵达底比斯时，他被约卡斯塔和她的哥哥克瑞翁视为英雄，受到热情款待，克瑞翁暂时代替拉伊奥斯坐上了王位。他告诉俄狄浦斯，杀死斯芬克斯的英雄理应与约卡斯塔成婚，并获得底比斯的王位。至此，预言完全实现了。

俄狄浦斯与自己的母亲生下了四个孩子。但是，几年后，疾病席卷了底比斯。备受信赖的先知再次被召唤，这次他告诉克瑞翁，城邦的不幸是由于没有将杀害拉伊奥斯的凶手绳之以法。在对方的逼迫下，盲眼的先知提瑞西阿斯向俄狄浦斯透露，他就是杀害拉伊奥斯的凶手。俄狄浦斯断然拒绝这个说辞，而是声称克瑞翁在密谋从他手中夺取权力。然而，进一步的调查向俄狄浦斯证明，提瑞西阿斯说的是实话。当约卡斯塔意识到自己的丈夫实际上是她以为几十年前就已经死去的孩子时，她上吊自杀了。与此同时，俄狄浦斯从她的衣服上拔下两根针，刺瞎了自己的眼睛。失明的俄狄浦斯被流放，由他的舅舅兼大舅子克瑞翁继任国王。

弗洛伊德认为，俄狄浦斯情结适用于男女儿童，尽管他也承认性别经验的不同面向。弗洛伊德说，男孩希望占有自己的母亲，想要将作为对手的父亲清除掉。然而，他也担心父亲发现自己的想法后会进行报复。事实上，他怀疑父亲会夺走孩子在这一阶段最喜爱的东西——他的阴茎。因此，男孩患上了"阉割焦虑"。在"正常"的发展中，他通过模仿和同化父亲的行为，来解决这种焦虑，从而催生了他在发展男性身份过程中的一段关键经历。此外，他的母亲逐渐被普通女性取代，成为他性冲动的对象，以避免引起创伤。

同时，弗洛伊德有关女孩的俄狄浦斯情结的理论，多年来有了重大发展，但即使在他最狂热的追随者看来，也始终差强人意。根据弗洛伊德的说法，女孩最初像男孩一样渴望她们的母亲。但当意识到自己没有阴茎时，她便产生"阴茎嫉妒"。对阴茎的渴望，使她的性欲从母亲转移到了父亲身上，同时对母亲没有为她"配备"阴茎而产生怨恨。女孩渴望自己的父亲，并希望除去她对父亲的感情的主要竞争对手——她的母亲，于是她采取并模仿母亲的行为。但由于害怕失去母亲的爱，她只好压抑母女之间的紧张感和怨恨之情。女孩由此开始发展自己成熟的、性别化的性身份；她对父亲的性感觉被压抑，取而代之的是对一般男人的感觉，而她对阴茎的渴望被她对生育孩子的期盼所取代。

追溯弗洛伊德的俄狄浦斯理论的起源，多年来一直是学术界的目标。人们可能会想到弗洛伊德与自己的母亲有着异常亲密的关系（其特点是她对"我的金西吉"的宠爱），以及他与父亲复杂的关系。他的父亲为维持家庭的经济状况所作出的努力，以及他在面对反犹太主义者攻击时的软弱，很可能加剧了儿子对他的怨恨。

伊莱克特拉情结

弗洛伊德曾经的弟子荣格，将女孩的这种现象称为"伊莱克特拉"情结——这个名字是为了纪念希腊神话中的另一个人物，她是阿伽门农的女儿，为了替被杀害的父亲复仇，她煽动自己的兄弟奥瑞斯提斯杀死了他们的母亲——克莱特涅斯特拉，以及母亲的情人埃吉索斯。然而，弗洛伊德从未接受这一术语，认为将其与男性的恋母情结经验类比，实在是过于紧密和不当。对于任何性别的儿童来说，弗洛伊德认为其都能够认同父母中同性的一方，并成功解决俄狄浦斯情结。对于不解决可能会造成的结果，他多方面地提出了恋母或恋父、神经症、同性恋和恋童癖。

弗洛伊德还曾向弗利斯描述自己的父亲是"这些变态之一……要对我弟弟……和几个妹妹的癔症负责"，但无法证实雅各布虐待了他的孩子们这一暗中指控。尽管如此，到了1897年，弗洛伊德公开影射了俄狄浦斯的经历，他说自己最近失去了父亲，然后观看了索福克勒斯的《俄狄浦斯王》演出。那年他给弗利斯写信说："我发现在我自己身上，始终有对母亲的爱和对父亲的妒忌。我如今认为这是童年早期的一个普遍事件。"

在《梦的解析》中，他写到俄狄浦斯：

他的命运触动了我们，只因这可能也是我们的命运——因为神谕在我们出生前已对我们施加了与他相同的诅咒。或许，我们所有人的命运，都是将我们的第一次性冲动指向母亲，将我们的第一次仇恨和谋杀的愿望指向父亲。我们的梦让我们相信确实如此。

然而，直到 1910 年，弗洛伊德才提出了"俄狄浦斯情结"这一术语，并将其视为所有神经症的根本病因。他持续修改并重新评估这一理论，尤其是有关女性经验的内容，直到他 1939 年去世。

个案研究：小汉斯

"这些都是汉斯身上已被压制的倾向，而且就我们所知，这些倾向在他身上从未有过不受约束的表达：对他父亲所抱有的敌意和妒忌，以及对他母亲的虐待冲动（就如同交配的前兆）。"

——西格蒙德·弗洛伊德，
《一名五岁男孩的恐惧症分析——以"小汉斯"为案例》，1909

虽然俄狄浦斯情结的理论经历了多年的发展，但支撑这一理论最重要的一个案例是弗洛伊德在 1909 年接受的——这是他将这一术语引入公共话语的前一年。小汉斯是赫伯特·格拉夫（Herbert Graf）的假名，他是弗洛伊德的密友、作家兼批评家马克斯·格拉夫的儿子。

　　在格拉夫带着他的儿子找上弗洛伊德时，汉斯已经五岁了。在这一阶段，汉斯患上了严重的马匹恐惧症——由弗洛伊德负责治疗的一个病症。然而，在弗洛伊德看来，与其说这个病例为他提供了一个治疗恐惧症的机会，不如说是一个探究其病因的机遇。到了这个阶段，他已经在构建俄狄浦斯情结方面取得了很大进展，而汉斯则提供了一个完美的机会来测试他的假设。格拉夫似乎很乐意让儿子服务于弗洛伊德事业版图的扩大发展。实际上，弗洛伊德只是偶尔能见到小汉斯本人，他主要是通过与汉斯的父亲通信来展开工作。的确，是汉斯的父亲先致信弗洛伊德的，因为他怀疑汉斯可能会成为一个能让弗洛伊德感兴趣的病例。弗洛伊德提出了一些可行的提问方式，供这位父亲在他的儿子身上进行尝试，而格拉夫也按时向弗洛伊德汇报了所发生的情况。

　　格拉夫描述了一开始出现的问题："他（小汉斯）害怕马会在街上咬他，而这种恐惧似乎与他曾被一根大阴茎吓到过有某种联系。" 对小汉斯而言，这是一个真正棘手的问题，因为格拉夫家就住在一家马车旅馆对面的房子里。周围总会出现马，而汉斯不愿再离开家的庇护。有一次，他和护士一起外出时，目睹了一匹马拉着一辆载满货物的车辆，结果它倒下然后死了。它的蹄子在鹅卵石铺成的街道上发出的咔咔声令汉斯记忆尤深。

有关此个案的部分要点包括：

- 汉斯对他的阴茎（他称其为 "widdler"）表现出极浓厚的兴趣，这引发了他母亲的告诫。他还曾梦到过婴儿的屁股被擦拭。
- 汉斯承认对妹妹感到嫉妒。
- 他特别害怕那些嘴巴周围有黑色标记和戴着眼罩的马。
- 他记得有一次曾看到一个女孩被告知不要触碰一匹白马。
- 他诉说了一个有关长颈鹿的梦。

弗洛伊德很快在汉斯身上诊断出了俄狄浦斯情结。这个男孩对生殖器和肛门问题的兴趣反映了他的性冲动，这与性发展的早期阶段是一致的，包括对母亲的欲望。弗洛伊德认为汉斯对妹妹的怨恨（他曾希望她在洗澡时淹死），证明了他不希望来自母亲的关注被分走。同时，那些脸上带有黑色标记的戴眼罩的马则与他的父亲有关。格拉夫戴着眼镜，留着黑色的胡子。而女孩被告知不要碰马，这与汉斯被告知不要碰他的阴茎是一致的。有一次，他的母亲说如果他再碰阴茎，她就会找人把它砍下来，因而加剧了这个孩子对阉割的恐惧。

格拉夫这样记录了儿子有关长颈鹿的梦的细节："晚上，房间里站着一只大长颈鹿和一只皱巴巴的长颈鹿，大长颈鹿叫了起来，因为我（汉斯）把皱巴巴的长颈鹿从它身边拿走了。"弗洛伊德认为，这个梦与男孩早晨爬进父母被窝的经历有关——他非常喜欢这项活动。然而，他的父亲一再反对，所以弗洛伊德把他诠释为大长颈鹿，抗议男孩把皱巴巴的长颈鹿（格拉夫夫人）从他身边带走。此外，长颈鹿的长脖子被解释为一个大阴茎的象征。

简而言之，汉斯的马匹恐惧症是一种被压抑的恐惧的表现，即他的父亲（马）会（通过咬）阉割他，以惩罚他对母亲怀有的性感觉。因此，弗洛伊德鼓励格拉夫向儿子保证，自己不会对他构成威胁，而不久后，据说小汉斯的症状已有所缓解。有两件事尤其让弗洛伊德相信，汉斯已经成功化解了自己的俄狄浦斯情结。第一件事是格拉夫看到汉斯在玩一些娃娃。汉斯告诉父亲，自己是这些娃娃的父亲，自己的母亲也是它们的母亲，而格拉夫则是它们的祖父——这是对他无意识情感的隐性接受。第二天，汉斯想象一个水管工把他的下体和"widdler"移走，然后换上了更新更大的——这代表汉斯对自己在这个世界上的性地位越来越有信心。

小汉斯的个案是心理学史上被探讨最多的案例之一。对弗洛伊德而言，这证实了他多年来的理论思考，也是反对他的竞争对手的有力武器。鉴于弗洛伊德和病人父亲的想法一致，并且都热衷于进行验证，因此，这种疗法的科学性始终存疑。此外，即便汉斯的恐惧症的确是由俄狄浦斯情结所造成的，弗洛伊德也缺乏足够的证据支撑他对这一情结的普世性的有力强调。至于汉斯，他在十九岁时再次遇到了弗洛伊德，并讲述了自己完全正常的青春期。他声称已不记得与父亲的谈话，这些谈话奠定了弗洛伊德的分析基础。在阅读案例笔记时，他说这是"于他而言未知的东西"。

科学家？

"因我实际上根本不是一个科学家，不是一个观察者，不是一个实验者，不是一个思想家。从气质上讲，我只是一个征服者——你也可以称我为冒险家。我具有这类人所特有的一切好奇心、胆量和韧性。"

——西格蒙德·弗洛伊德致信威廉·弗利斯，1900

在弗洛伊德生前，他工作的科学性问题始终困扰着他，并一直持续到今天。正如我们已所看到的，弗洛伊德渴望成为一名伟大的科学家，而不是其他——像哥白尼、达尔文、牛顿或爱因斯坦那样的思想家。用他在 1938 年去世前不久的话来说，"我毕生都在为我所认定的科学真理而奋斗，即使这对我的身边人而言是不舒服和不愉快的"。

在同一主题上，他多次称精神分析为"自然科学"和"公正的工具"，并将"精神分析的观点"描述为"经验性的——要么是直接的观察表达，要么是对它们进行研究的过程的结果"。然而，这些都是难以维持的论断。早在 19 世纪 90 年代，在弗洛伊德的名字变得家喻户晓之前，他就在维也纳的一些同事的引荐下申请了一个研究职位。在认可他毋庸置疑的才能的同时，这也暗示了其他人在不久后会更公开地表达对他的科学方法的担忧：

这项研究的新颖性以及验证它的难度，使我们目前无法对其重要性作出明确的判断。弗洛伊德有可能高估了它，并对所获得的结果进行了过度概括。无论如何，他在这一领域（心理研究）的研究彰显了非凡的天赋及为科学研究寻找新方向的能力。

1907 年，他曾经的朋友和伙伴约瑟夫·布洛伊尔警告说："弗洛伊德是一个喜欢绝对的和排他性表达的人；在我看来，这是一种生理需要，会导致过度的概括。"卡尔·荣格在与弗洛伊德决裂前及决裂后都提出了有关他的前导师的类似说法。另一个质疑弗洛伊德科学立场的人是他在维也纳大学的同级毕业生，可被称为 20 世纪最伟大的科学哲学家的卡尔·波普尔（Karl Popper）。

波普尔最重要的工作旨在建立验证任一理论的科学性的方法。几个世纪以来，"科学方法"始终涉及归纳推理——换言之，从具体的观察中得出一般结论。例如："我看到过的所有天鹅都是白色的，因此世上的天鹅都是白色的。"不过，早在 18 世纪，大卫·休谟（David Hume）就已经指出了这种方法的问题所在。他认为，以这种方式得出的结论本质上是无法得到验证的。例如，在天鹅的例子中，只有当你检查了自古以来的每一只天鹅（这显然是不可能的）并发现它们都是白色的，你才能够断定所有的天鹅都是白色的。此外，只需要出现一只黑天鹅，这一理论就会瓦解。

波普尔的解决方案是，从一个全新的角度来处理科学合理性的问题。在他的可证伪性理论中，他提出：一个科学理论之所以是科学的，并非因为它被实验和归纳所证明，而是因为它可能是可被证伪的。换句话说，它有可能被观察所推翻。因此，所有天鹅都是白色的这一理论，本应被视为是科学的，因为它可以通过观察（如观察到黑天鹅）而被推翻。此外，它也可被认为是真实的，直到它遭到反驳。然而，在波普尔的判断中，弗洛伊德的工作并没有达到这个科学门槛。正如他所说，弗洛伊德及其精神分析学家同行们"将他们的理论通过只适用于确认的术语来表述"。

弗洛伊德在其一生中的不同时刻都有所暗示，即自己认识到了建立其工作的科学基础的困难。正如本节开头的引文所示，曾经有一段时间，弗洛伊德觉得自己在执行一项任务或长期斗争，而不是在进行严格的科学调查。在这方面，他无疑得到了弗利斯的支持，对方在1895年曾向他保证："……我们需要那些有勇气在证明新事物之前就去思考它们的人。"事实上，弗洛伊德在有足够的经验证据证明自己的观点之前，就愿意将自己的想法公之于众，这一意愿随着他的年龄增长而增加。特别是，他于1923年被诊断出患有癌症，这使得他更急于出版研究成果，以致更被人痛骂。

他面临（并将持续面临）的主要指责之一是，他的工作始终基于过少的证据来开展。一次又一次，使他成名的前卫理论是基于称得上罕见的传闻证据。以《癔症研究》这部他与布洛伊尔一同出版的著作为例，该书仅依靠五个个案研究来展开。此外，正如序言中所称，许多重要的证词因出于审慎而被遗漏了：

我们的经验来自于一个受过教育和有文化的社会阶层的私人实践，我们处理的主题往往涉及我们病人最私密的生活和历史。公布这类材料将是严重的失信行为……因此，我们不可能利用我们的一些最具启发性和说服力的观察结果。这当然尤其适用于所有那些性关系和婚姻关系在其中起到重要作用的案例。因此，我们只能提出非常不完整的证据来支持我们的观点。

说"相信我们，我们有很多证据支持这一点，只是我们不能给你看"，这绝不足以让怀疑者闭嘴。

不过，毫无疑问，这一主题的敏感性确实带来了真正的、有时也是无法克服的挑战，首先是寻找和散布支持性证据。正如弗洛伊德在 1930 年的《文明及其不满》中所指出的，"科学地处理感受并非易事"。此外，若是透露了自己与病人互动的真实程度，公众会对他的病人有什么反应，他对此感到紧张。他曾说"我对读者的判断力"并没有"太大信心"。在另一场合，他为自己克制地发布自我分析的信息量这一决定辩护说："公众没有要求了解我更多的个人事务。"但是，如果你的个人事务是你名声和专业地位的基础，那么这一点可能比他所说的更没有意义。在朵拉个案研究的导言中，弗洛伊德对自己以前的书和论文进行了反思："毫无疑问，我不得不公布我的调查结果，而没有任何可能让现场的其他工作者对其进行查验，这很令人窘迫。"

他的批评者还对他惯于将推测性的或零散的（有时两者兼之）理论作为完全成形的理论进行了抨击。例如，他对梦境符号的分析只能算是推测性的——因为人们怎么可能从经验上去证明，比如，梦中的钱包代表了子宫？同样也没有理由相信，譬如，俄狄浦斯情结在科学上是可被验证的，就像人们可能希望验证水的沸点那样。对弗洛伊德让人们接受其为普世真理的质疑是合情合理的。我们或许会认为，这正是那种把波普尔逼得心烦意乱的理论化过程。它对哲学家路德维希·维特根斯坦（Ludwig Wittgenstein）也产生了类似的影响。他说："弗洛伊德不断声称自己是科学的。但他给出的是推测——甚至是在假设形成之前的东西。"

后来的科学调查确实使弗洛伊德精神分析观点的诸多关键原则蒙上了疑云。借用弗洛伊德研究专家、加拿大社会及文化理论家托德·迪弗雷纳（Todd Dufresne）的话："可以说，历史上没有任何一个名人在他所说的几乎每一件要事上都错得如此离谱。"今天，鲜少有科学家会认为俄狄浦斯情结是人类行为的真正动因，也没有主流观点会认为我们每个人都受制于自我、本我和超我的相互作用，或者认为我们普遍遵循弗洛伊德所提出的一成不变的性发展模型。目前人们对梦的功能的理解，也已经远远超出弗洛伊德的论述，而他有关女性性行为、性别角色和同性恋的观点如今被公认是错误和毫无帮助的，这些观点在很大程度上是由他所处的父权社会的社会态度所塑造的。

然而，弗洛伊德的确为从未有过的学术领域注入了科学活力（尽管是不完善的）。虽然他的大部分想法遭到了否定和驳斥，但在某些基本面上他还是取得了巨大成就。他的无意识模型的细节在科学上可能是不成立的，但他将无意识的作用置于聚光灯下。他对梦的解析并不是故事的全部，但他让我们知道，我们的梦能够为我们提供了解潜在心理过程的线索。他或许高估了性驱动（以及后来的死亡驱动）的作用，然而很少有人会否认原始的情感驱动对理解人类行为的重要性。简而言之，是的，他把事情搞错了，但并不总是完全错误的。如果没有他，我们对人类心理的了解程度可能会比现在落后许多。

对于科学可能引领我们的方向，他也有令人钦佩的开放思想。例如，在《超越唯乐原则》（1920）中，他称生物学是"一片充满无限可能的土地……我们无法推测它在几十年后会得到什么样的答案。它们可能是那种会推翻我们整个人工假说结构的答案"。因此，也许我们应该将弗洛伊德看作是传统意义上的科学家以外的人——尽管他的科学可信度被如此破坏，无疑会让他感到痛苦。今天，在世界各地的学术院系中，你更有可能听到弗洛伊德在非科学院系被提及。正如前英国作家、精神病学家兼精神分析学家安东尼·斯托尔（Anthony Storr）所说：

在其历史的早期，精神分析离开了咨询室这个狭小的范畴，侵入了人类学、社会学、宗教学、文学、艺术学和神秘学。

如弗洛伊德般阅读

"话语最初是一种魔法，时至今日，话语仍保留着许多古老的魔力。借助语言，一个人能带给另一个人幸福，也可以带给他绝望；借助语言，老师向学生传授知识；借助语言，演说家引领他的听众，决定他们的判断和决策。言语能引发人们的情感，而且通常是人与人之间相互影响的手段。"

——西格蒙德·弗洛伊德，1917

弗洛伊德是一个非凡的读者，从技术文件和科学论文到古今中外的文学经典，他无所不读。所有的文本，无一例外，都是他在发展精神分析理论时可以利用的资源，每一个文本都描述了在他人头脑中所感知到的世界（或其某些方面）。虽然我们承认他受到无数科学家、临床医生和精神分析学家同行的著作的深刻影响，但我们在此将仅对他的文学品味进行简要调查。

　　在哲学方面，有几个名字格外显眼。弗洛伊德是古希腊思想巨擘亚里士多德的狂热读者，同时也很欣赏英国功利主义理论家约翰·斯图亚特·密尔（John Stuart Mill），他曾将其部分作品翻译出版，并称其为"本世纪最有能力从普遍偏见的支配下解放出来的人"。另一个他所钟爱的人是路德维希·费尔巴哈（Ludwig Feuerbach），他尤其欣赏《基督教的本质》（*The Essence of Christianity*）一书中对有组织的宗教的批判。

　　然而，人们还是最常将弗洛伊德与弗里德里希·尼采（Friedrich Nietzsche）联系在一起。事实上，弗洛伊德很清楚自己常被指责剽窃了尼采的思想（尼采生于 1844 年，于 1900 年逝世，他们二人的职业生涯是重叠的），因此他声称自己并没有读过尼采的作品。不过，他曾反复提及尼采，这表明情况并非如他所说的那样。显然，他非常了解尼采的诸多作品，而且也是一个头号粉丝。他对尼采的评价是，"对自己的了解比任何一个曾经或可能活着的人都要透彻"，尼采是"一个哲学家，他的推测和直觉常常以最出乎意料的方式与精神分析的努力成果相吻合"。

除了哲学，弗洛伊德还喜欢欧洲文学中的许多杰出人物，尤其是他们笔下的角色，他可以从中检验自己的想法。例如，莎士比亚创造的哈姆雷特，他可将其视为未解决的俄狄浦斯情结的典型案例。而古代世界领域，众所周知，弗洛伊德读过荷马的作品（《伊利亚特》和《奥德赛》），当然还有索福克勒斯，写下了堪称最著名的故事——俄狄浦斯。时代稍近一点的作家是约翰·弥尔顿（尤其是《失乐园》）和歌德（其中《浮士德》被一些人视为德语世界中最伟大的作品，是他的最爱）。所有这些作者都以丰富的故事审视了有意识与无意识思维之间复杂的相互作用，其中的一些故事甚至比无意识的概念进入人们的视野还要早上千年。弗洛伊德毕生都在引用的其他作者的高度选择性名单包括：

- 爱德华·戴克尔 [Eduard Dekker，笔名"穆尔塔图里"（Multatuli）]，荷兰作家，以讽刺小说《马格斯·哈弗拉尔》（*Max Havelaar*）而闻名。

- 查尔斯·狄更斯（Charles Dickens），尤其是《大卫·科波菲尔》（*David Copperfield*），弗洛伊德在订婚时送了玛莎一本，他说这是他最喜欢的狄更斯作品，因为其中的人物是狄更斯作品中最"个性化"的，而且"有罪而不可恶"。

- 费奥多尔·陀思妥耶夫斯基（Fyodor Dostoyevsky），弗洛伊德为他写了一篇著名的批判性评价，对《卡拉马佐夫兄弟》（*The Brothers Karamazov*）的描述是："……这是有史以来最宏伟的小说；大审讯官的情节是世界文学的高峰之一，对它的评价再怎么高都不为过。"

- 阿纳托尔·法朗士（Anatole France），法国作家，作品包括《白石》（*White Stone*），内容涉及对反犹太主义和基督教信仰演变的思考。

- 特奥多尔·贡珀茨（Theodor Gomperz），奥地利哲学家和学者，其巨著为《古希腊思想家》（*Griechische Denker*）。

- 海因里希·海涅（Heinrich Heine），德国作家和诗人，弗洛伊德的《诙谐及其与无意识的关系》（*Jokes and Their Relation to the Unconscious*）借鉴了他的作品。

- 戈特弗里德·凯勒（Gottfried Keller），瑞士作家，著有《塞尔德维拉的人们》（*The People of Seldwyla*）。

- 拉迪亚德·吉卜林（Rudyard Kipling），一位横跨 19 世纪和 20 世纪的英国文学界巨擘，弗洛伊德大加赞赏其《丛林之书》（*The Jungle Book*），这是一部以拟人化动物为主题的寓言集。

- 麦考利勋爵，主要是他的《评论与历史随笔：为〈爱丁堡评论〉撰稿》（*Critical and Historical Essays : Contributed to the Edinburgh Review*）。

- C. F. 迈耶（C. F. Meyer），瑞士现实主义诗人，著有《胡滕的末日》（*Huttens letzte Tage*）。
- 德米特里·梅列日科夫斯基（Dmitry Merezhkovsky），俄罗斯诗歌"白银时代"的领军人物。
- 马克·吐温（Mark Twain），特别是他那极富艺术性的《新老故事》（*Sketches New and Old*）。
- 约翰·韦耶（Johan Weier/ Weyer），16世纪荷兰医生，其有关巫术的著作对弗洛伊德格外有吸引力，弗洛伊德称一些被指控为有巫术的人实际上是精神病患者（据说这是韦耶创造的术语）。
- 爱弥尔·左拉（Émile Zola），众所周知，弗洛伊德十分欣赏其《四福音书》（*Four Gospels*）小说集中的第一部《繁殖》（*Fécondité*）。

尽管弗洛伊德从文学作品中汲取了许多灵感，但他对自己同时代的文学并不信服。1908年，他评论说：

现代文学主要关注的是最可疑的问题，这些问题激起了一切激情、感官享受和对快乐的渴望，以及对每一条根本道德原则和每一个理想典范的蔑视。它将病态的人物，以及与变态的性行为、革命和其他主题有关的问题带到了读者的面前。

尽管如此，弗洛伊德还是对一两个同时代的人给予了赞赏，其中就有同为奥地利人的阿图尔·施尼茨勒（Arthur Schnitzler，1862—1931），他因 1897 年出版的《轮舞》（Reigen）而闻名遐迩，该书因其描写十对人物在性交前后的故事，在当时的社会声名狼藉。1899 年，弗洛伊德在看到他的另一部剧作《巴拉塞尔士》（Paracelsus）时，感动地称自己"为一个诗人的博学而感到惊讶"。1922 年，弗洛伊德致信施尼茨勒，告诉他："你通过直觉——尽管实际上是敏感的内省的结果——学到了我必须通过为其他人辛勤工作才能挖掘出来的一切。"

斯蒂芬·茨威格（Stefan Zweig，1881—1942）是另一位与弗洛伊德有私交的奥地利作家。虽然他的作品今天几乎无人问津，但茨威格在 20 世纪 20 年代和 30 年代可是一位巨星，其代表作包括《象棋的故事》（The Royal Game）、《一个陌生女人的来信》（Letter from an Unknown Woman）和《心灵的焦灼》（Beware of Pity）。弗洛伊德认为茨威格的小说和非小说写作都与他自己的许多想法不谋而合，并于 1924 年将他 1907 年的讲座演讲稿《创意作家与白日梦》（The Creative Writer and Daydreaming）交给茨威格，他在演讲中探讨了创意写作是一种表达被压抑欲望的成人游戏这一概念。

生死攸关之事

"关于存在死亡或毁灭本能的假说，甚至在分析学界也遇到了阻力。"

——西格蒙德·弗洛伊德，1930

1920 年，弗洛伊德发表了一篇题为《超越唯乐原则》的文章，这成为他职业生涯中最具争议的文章之一，即便是他最狂热的追随者也难以接受其中心论点：每个人都受制于他们的生命驱动力（他称之为厄洛斯）和死亡驱动力（弗洛伊德的半个信徒威廉·斯特克尔后来称之为塔纳托斯）之间的持续冲突。根据弗洛伊德的观点，厄洛斯（来自古希腊语的"爱情"）的特征是负责我们自我保护（以及保护物种）和生育的欲望，以及创造力、和谐和性欲等积极属性——所有这些都通过力比多来引导。相比之下，塔纳托斯（来自古希腊语的"死亡"）驱使我们走向最终的自我毁灭，并促使我们去做其他无益的行为，这些行为被定义为具有攻击性、重复性和强迫性等负面特质。这与弗洛伊德早期关于自我主要受快乐原则支配的模式大相径庭——他曾说，快乐原则调节我们的心理活动，以达到产生快乐和避免不愉快的目的。然而，随着时间的推移，弗洛伊德在他的病人身上看到了一些行为，这些行为似乎与他关于快乐原则之上的假说相悖，特别是：

- 他注意到，创伤的受害者（尤其是那些经历过一战带来的恐怖阴影的人）会在心理上重复曾经的创伤事件。例如，他注意到，创伤受害者的梦境往往"具有反复将病人带回到他的事故中的特点"。这显然不符合快乐原则，因为个人不会在潜意识中重温不快。

- 他看着十八个月大的孙子重复地玩着一个游戏，在游戏中他重演了他母亲的失踪（他母亲在日常生活中时常会离开他若干小时）。"那么，"弗洛伊德思考着，"他将这种痛苦的经历作为游戏来重复，怎么会符合快乐原则？"

- 他看到那些压抑了痛苦记忆的病人，在他们当下经验中会重现它（例如，以神经官能症的形式），而不是将它置于已经过去的创伤性事件的背景中。因此，他想知道是否有一种"重复的强迫症"超越了快乐原则。

弗洛伊德得出了一个惊人的结论，即人类有一种"恢复事物早期状态"的冲动——最终回到所有生命最初出现的生物状态。因此，当厄洛斯驱使我们走向生存时，塔纳托斯则渴望回归无生命。正如他所写的，"所有生命的目标都指向死亡，或者追溯性地表达：无生命存在于有生命之前"。虽然弗洛伊德并不欣赏《圣经》中的典故，但我们却想到了《创世纪》3:19："你要流汗吃苦，直到回到地上；因为你取自土地，你是尘土，也要回归尘土。"

一开始，甚至是弗洛伊德本人似乎也不确定这个戏剧性的新论题。他在导言中写道："以下只是猜测，通常有些牵强附会的猜测，读者可以根据自己的喜好来考虑或否定它们。"不过，在接下来的几年里，他显然越来越有信心，认为自己已渐入佳境。例如，在 1924 年，他宣称"力比多的任务是使破坏性的本能变得无害，它通过将这种本能在很大程度上向外转移来完成这一任务……这种本能被称为破坏性本能、掌控的本能或权力意志"。到了 1930 年，他在《文明及其不满》中写下了如下明确的声明："一开始，我只是试探性地提出了我在此形成的观点，但随着时间的推移，这些观点对我产生了巨大的影响，我再也无法以任何其他方式进行思考。"

　　然而，其他学者仍不以为然。英国心理学家威廉·麦克杜格尔（William McDougall，1871—1938）将死亡驱动的理论描述为"他（弗洛伊德）的所有怪谈中最奇异的一个"。甚至弗洛伊德的伟大拥趸欧内斯特·琼斯（Ernest Jones），也在他 1953 年的传记中说"《超越唯乐原则》展示了他所有著作中独一无二的大胆猜测"，而且"值得注意的是，它是弗洛伊德的作品中唯一没有得到他追随者认可的"。

生存的痛苦

"时代是灰暗的；幸运的是，我的工作不是为了照亮它。"

——西格蒙德·弗洛伊德致信阿诺德·茨威格，1935

死亡驱动理论在某种程度上是弗洛伊德针对一个长期困扰他的问题所提出的解决方案：如果生命被快乐原则所支配，被力比多所驱动，那么为什么这么多人类行为似乎都是与快乐相悖的？换言之，这种奇怪的与力比多欲望相对抗的冲突驱动可能是什么？但是，他在提出死亡驱动的过程中，很可能不仅仅是出于解决一个理论问题的毫无私心的心愿。弗洛伊德自己承认，他受到忧郁症的困扰，而死亡驱动理论无疑被他在设计该理论时对世界的抑郁看法所影响。

正如我们所看到的，弗洛伊德从童年到成年经历了各种艰难困苦，他常常显得既阴郁又暴躁。然而，在一战及其无谓的屠杀面前，他对人类的看法似乎陷入了新的低潮。例如，1914 年，战争爆发的第一年，他写信给他生于俄罗斯的精神分析学同事卢·安德烈亚斯－莎乐美（Lou Andreas-Salomé）："我无法成为一个乐观主义者，我相信我与悲观主义者的区别仅在于邪恶的、愚蠢的、无意义的事情不会让我不安，因为我从一开始就接受了它们，认为它们是构成世界的一部分。"他是否真的像他所说的那样接受了那些"邪恶的、愚蠢的、无意义的事情"是非常值得怀疑的。

在他 1915 年收集的题为《对战争与死亡的思考》（*Reflections on War and Death*）的两篇文章中，他保持了生命本质上是一种负担的意识。他说："毕竟，承受生命是所有生物的首要责任。"两年后，他又发表了另一篇题为《哀悼与忧郁》（*Mourning and Melancholia*）的文章，其中他分析了这两种状态作为对"失去"的反应的异同。鉴于欧洲的一代年轻人正处于被消灭的过程中，这一主题获得了新的现实相关性。用心理学术语来表达，弗洛伊德认为，哀悼是有意识地（和健康地）处理因失去特定心爱的对象或人而引起的悲伤的过程，而忧郁则被认定为无意识地对未完全确定或理解的东西感到悲伤，因此它被视为是病态的，可能表现为失眠和消化问题等身体症状。

可以在弗洛伊德这一时期的著作中感知到，他自己正在与压在肩上的沉重世事作斗争。1920 年是尤其残酷的一年——他心爱的女儿苏菲在战后不久席卷欧洲的西班牙大流感中染病去世了，年仅二十六岁。值得注意的是，在她去世后的几周，弗洛伊德就向公众介绍了"死亡驱动"一词，让我们不禁思考生活是否在某种程度上影响了科学。

如果说 1920 年是可怕的，那么 1923 年也不遑多让。这一年，苏菲四岁半的儿子海因茨死于肺结核——这是一个全新的毁灭性打击，因为弗洛伊德认为他是"我所见过的最聪明、最可爱的孩子"。"我想我从未经历过这样的悲痛，"他写道，"一切于我而言都彻底失去了意义。"此外，弗洛伊德在被诊断出患有下颚和上颚癌后，接受了三十三次痛苦手术中的第一次手术。不久后，他的整个上颚和右上颚将被切除，他需要在口腔和鼻腔之间佩戴一个不舒服的假体。在他的余生，进食都存在困难，听力不断下降，说话也受限。癌症以及治疗癌症的尝试，也给他带来了几乎不间断的疼痛，这进一步促成了他晚年作品中随处可见的忧郁及厌世感。

1922 年，他在给桑多尔·费伦齐（Sándor Ferenczi，他的核心圈子成员之一）的信中说他"蔑视大众和可憎的世界"。直到 20 世纪 20 年代结束时，几乎没有证据表明他的观点有所软化。他在给安德烈亚斯 – 莎乐美的信中写道："在我的内心深处，我不得不相信，我亲爱的同胞们，除了少数例外，都是没有价值的。"但也许他对生活的失望，在他 1937 年对他的同事和知己、丹麦及希腊公主玛丽·波拿巴（Marie Bonaparte）的观察中得到了最佳概括："当一个人询问生命的意义或价值时，他就已经病了，因为客观上它们都不存在。"

女性

"'女人想要什么？'这是一个从未被回答过的伟大问题，也是我尚未能回答的问题，尽管我已经对女性灵魂进行了三十年的研究。"

——西格蒙德·弗洛伊德致信玛丽·波拿巴
（由欧内斯特·琼斯引述），1953

如果弗洛伊德发现他的同胞是神秘且令人失望的，那么可以说他发现女性更加神秘——无论是在个人还是在职业层面。尽管他的毕生都可视作对社会正统的冲击，但他对女性的态度却受到他那个时代主流父权思想的极大影响。此外，这些思想如此深入地渗透到他的潜意识中，以至于现代读者认为可能是社会建构的结果，他却认为是毋庸置疑的事实。

以他对社会中不同性别期待的诠释为例："女性代表着家庭和性生活的利益，而文明的工作则愈发成为男人们的事情，他们被安排了日益困难的任务，迫使他们升华自己的驱动力——这些任务是女性几乎没有能力胜任的。"虽然在这短短的几句话中，有太多的东西需要在这里进行剖析，但我们可以立即认识到，弗洛伊德不假思索地将普世价值强加于性别上。女性只在性和家庭方面被赋予定义，而男性则被迫压抑自己的真实本性以养家糊口。此外，显然弗洛伊德认为女性并没有能力从事这种"男性"的工作，而不是仅仅被禁止从事这种工作。不自觉地，弗洛伊德只是重复了几千年来形成的父权制社会模式，并将其视为客观真理。

他的观点无疑是混合了他对许多在他生命中扮演重要角色的女性（从他的母亲开始）所抱有的个人情感而塑造。他也完全不适应爱的概念，他在《文明及其不满》中写道："我们从没有像在爱情中那样，对痛苦的保护如此之少；我们从没有像失去我们所爱的对象或其对我们的爱那样，感到如此孤独。"尽管弗洛伊德的职业生涯致力于能更好地理解人类心灵，但女性在他身上诱发的情感仍不断超出他的理解。用他自己在《业余精神分析问题》（1926）中的话说："我们对小女孩性生活的了解比男孩的少，但我们不必为这种区别感到羞愧；毕竟，成年女性的性生活是心理学的一块'黑暗大陆'。"

因此，我们来到了他与玛莎·伯纳斯的婚姻这个奇怪的问题上，这段婚姻一直持续到他生命的尽头。毫无疑问，他爱上了这个女子——年轻时与她的一千多封书信以及他们所孕育的六个孩子都证明了这一点。然而，他一直在暗示，一切并不像表面看起来的那样。以他 1905 年在《诙谐及其与无意识的关系》中的评论为例："婚姻不是一个能满足丈夫性欲的机制，这一点人们还不敢在公众面前大声说出来……"该书出版的那天，人们恨不得成为弗洛伊德早餐桌上的一只苍蝇。

我们知道，弗洛伊德在进入他的成年感情生活时，对性欲和浪漫爱情持有一些离经叛道的态度。例如，在 1912 年，他写道：

这听起来不仅令人不快，而且自相矛盾，但我必须说，任何人想要在爱情中获得真正的自由和幸福，就必须克服对女性的尊重，接受与母亲或姐妹乱伦的想法。

在遇到玛莎之前，弗洛伊德极有可能在性方面异常活跃，但他从未与任何激发他这种激情的人交往过。不过，在他们结婚以及孩子出生后，玛莎似乎在他的人生中扮演了一个相当无性的角色。

弗洛伊德的婚姻很快便失去了最初的生机与活力，这一点在一份可以说是以假乱真的声明中得到了明确的体现。在这份可以追溯到 1912 年的声明中，弗洛伊德提起玛莎，说："我首先感谢她的诸多高贵品质，感谢她的孩子们成长得如此之好，感谢她既没有不正常也没有经常生病。"

三人行？

弗洛伊德的婚姻问题由于玛莎的妹妹米娜的持续存在而变得更加复杂。从 1895 年到 1941 年，她一直住在弗洛伊德家，在某些方面，她甚至比玛莎更像是弗洛伊德的固定伴侣。比起她的姐姐，米娜无疑对他的工作更感兴趣，她始终认为弗洛伊德应该将自己的职业和家庭生活分开（"精神分析止于儿童房的门口"），她还曾在与家里的一位访客的谈话中把精神分析比作色情文学。当玛莎待在家里时，米娜经常陪同弗洛伊德旅行，而且通常是长时间的旅行。荣格是那些相信弗洛伊德和米娜的关系超出了姐夫和小姨子之间正常关系的人之一。事实上，有人认为在 1900 年左右的某个时期，米娜怀上了弗洛伊德的孩子，而弗洛伊德安排她堕胎。

另外一个评价可以追溯到 1936 年，他在金婚纪念日之前与玛丽·波拿巴的一次谈话，他在谈到自己的婚姻时说，这并不是"婚姻问题的一个糟糕的解决方案"。弗洛伊德对女性的感情和同情可能受到他与自己的性行为进行长期斗争的影响，这涉及同性恋欲望的因素。在他去世后的几十年间，他对同性恋的态度一直引发着诸多探讨。一方面，他比他同时代的许多人对同性恋群体抱有更广泛的同情，如在1935年，他宣称："把同性恋作为一种罪行来迫害，是一种极大的不公正，也是一种残酷的行为。"他还与将同性恋视为一种疾病或道德败坏的标志的观点划清界限。在写给一位怀疑自己儿子是同性恋的母亲的信中，他写道：

> 同性恋当然不是什么优点，但也没什么可耻的，不是恶习，也不是堕落；不能把它归为一种疾病；我们认为它是性功能的一种变异，产生于某种性发育的停滞。古代和现代的许多备受尊敬的人物都是同性恋者，其中还有几人是最伟大的（柏拉图、米开朗基罗、达·芬奇等）。

这在当时无疑是一种进步的态度。他还认识到，同性恋比一般人所认为的还要普遍得多。他在1908年的《"文明的"性道德与现代神经症》中写道：

> 除了所有那些因社会组织而成为同性恋者，或在童年时期就成为同性恋者的人之外，还必须考虑到那些在其成熟年龄时，其力比多的主流被阻断，造成了作为副渠道的同性恋取向的扩大。

然而，批评者指出，弗洛伊德最终给出了模糊的信息。他认为人类生来就是双性恋（即能够对两种性别产生性感觉），但总的来说，他的著作支持这样的观点：成年人的同性恋是性发展中悬而未决的方面的结果。换言之，他认为同性恋是不正常的，甚至是反常的。正如他继续对那位忧心忡忡的母亲说的那样：

在一定数量的案例中，我们成功地发展出了异性恋倾向的枯萎胚胎，这些胚胎存在于每一个同性恋者身上；在大多数案例中，它已经不可能发育。这个问题与个人素质和年龄有关。治疗的效果是难以预测的。

弗洛伊德自己的同性恋情使情况变得更加错综复杂。大量证据表明，他对弗利斯和荣格都怀有性激情。荣格承认在他们的关系中存在着"不可否认的色情色彩"，而弗洛伊德则写信告诉弗利斯，"我不同意你对男人之间友谊的蔑视"，"在我的生活中，如你所知，女人从来没有取代过同伴和朋友"。然而，到了1910年，他似乎认为自己已经"痊愈"，他在给费伦齐的信中写道："我觉得自己有能力处理一切，并对克服同性恋后所产生的更强烈的独立感而心满意足。"

总的结果是，弗洛伊德关于女性、女性气质和同性恋的理论，远不如他对男性、异性恋经验的思考那么完整和连贯。可以说，虽然弗洛伊德渴望建立起一个理解人类心灵的新框架，但他只乐意谈论不到50%的人口。

一些人，如女权主义作家及活动家凯特·米利特（Kate Millett），认为这使得他成为一个危险人物。例如，她对弗洛伊德的描述为："毫无疑问，他是性政治意识形态中最强大的个人反动力量。"他使男性能够"合理化两性之间令人反感的关系，并认可传统性别角色"。然而，其他人则对他抱有更多同情，比如学者和社会评论家卡米尔·帕利亚（Camille Paglia）于 1991 年写道："不研究弗洛伊德就想建立一种性理论，就像女人想做馅饼而只得到泥巴。"

说话要小心

"我经常面临的任务是，从病人看似随意的话语和联想中发现一种思想内容，这种思想内容想尽办法隐藏自己，但却无法避免地以各种方式在无意间暴露出自己的存在。口误在此常常发挥着最有价值的作用……"

——西格蒙德·弗洛伊德，《日常生活心理病理学》
（*The Psychopathology of Everyday Life*），1901

上文引用的那卷书中，弗洛伊德提出了动作倒错（parapraxis）的概念——言语、记忆或行动中的明显错误根本不是错误，而是无意识心理过程的反映。世人最喜欢以"口误"（也称为"弗洛伊德错误"）一词来描述这个概念。

弗洛伊德举了一个例子，当时奥地利下议院的主席以"在此我宣布会议结束"来开启这场他早就知道会是一场充满敌意的会议。弗洛伊德认为，他说"结束"（而不是"开始"），并不只是因为他不小心用错了词，而是因为他表达了一个无意识的愿望（希望会议结束）——换句话说，动作倒错"并非偶然事件，而是严肃的心理行为；它们是有意义的；它们产生于两个不同意图的同时行动——或者说，相互对立的行动"。

然而，动作倒错不一定是一次口误。它很可能成为一次误读或误听，一次笔误（或键盘输入错误），一个临时遗忘的事件，甚至是一个物体的误放——换句话说，可能被解释为任何代表着有隐藏动机的行为。

弗洛伊德指出，动作倒错可能以三种不同的形式发生：

- 主体意识到对手的"干扰"意图，但在他犯错之前没有意识到这一点；

- 主体意识到对手的"干扰"意图，甚至在他犯错之前就认识到了这一点；

- 主体在犯错前后都拒绝承认对手的"干扰"意图。

在每一种情况下，"压抑说话人的意图是发生口误的不可或缺的条件"。

弗洛伊德实际上使用了德语单词 Fehlleistungen，其含义是错误的行动。Parapraxes 是一个希腊词，是他的一位英文译者的选择。因此，举例来说，弗洛伊德讲述了一个插曲，他多次忘记买一些吸墨纸。在德语中，吸墨纸可以被翻译成 Löschpapier，或者更贴切地翻译成 Fliesspapier。在这次暂时性失忆事件发生时，弗洛伊德与威廉·弗利斯曾经牢固的友谊正处于紧张状态。弗洛伊德在回忆时解释说，他的健忘反映了他想忘记所有与弗利斯有关的事情，包括 Fliesspapier。

他所分析的"错误行为"中最著名的可能是被称为西诺雷利悖论（the Signorelli parapraxis）的行为。在他的旅行中，弗洛伊德曾惊叹于卢卡·西诺雷利（Luca Signorelli）在意大利奥尔维耶托的一座教堂中绘制的《最后的晚餐》壁画。然而，当他后来试图回忆起这位艺术家的名字时，却怎么也想不起来。相反，他想出了两个备选艺术家的名字——波提切利和博尔特拉菲奥。弗洛伊德详细解释了他是如何将这三位艺术家的名字联系起来的。

他把波提切利的名字与波斯尼亚联系在一起，这是他在火车上与一个陌生人谈话的主题，这次谈话发生在他忘记西诺雷利的名字之前不久。此外，他把西诺雷利的名字与西班牙文的 Signor（先生）和德文的 Herr（先生）联系起来，而后者又与黑塞哥维那联系起来。他在火车上讨论的确切主题是波斯尼亚和黑塞哥维那那边土耳其人的习惯。这让弗洛伊德想到了一些轶事可以作为证据，即性困扰很容易让土耳其人陷入绝望。同时，关于博尔特拉菲奥，他与意大利的塔弗伊市建立了语言上的联系，他最近在那里收到消息说他的一个受到性问题困扰的病人自杀了。

弗洛伊德认为，他真正想压制的是这段痛苦的记忆，但却表现为忘记了西诺雷利的名字。然而，他的记忆所检索到的替代名字揭示了他遗忘动机的真实性质，因为波提切利和博尔特拉菲奥的名字在潜意识中让他想到了性和死亡的主题，并延伸到了他的病人的悲惨命运。

多年来，出现了无数个关于西诺雷利悖论的二次解释，弗洛伊德的版本因缺乏语言活力和未能考虑壁画本身与遗忘行为的关系而受到强烈批评。尽管如此，它仍然是弗洛伊德所提出的第一个也是最著名的动作倒错行为。这也是一个他不愿低估的现象，就像他写的那样："我并不是断言……每一个发生的动作倒错都有其意义，尽管我认为这可能是事实。"

什么时候一个笑话并不是笑话？

"一个医生在离开一个女人的病床时，摇摇头，对陪同她的丈夫说：'我不喜欢你妻子这样。''我已经不喜欢她这样很久了。'丈夫连忙表示同意。"

——西格蒙德·弗洛伊德，《诙谐及其与无意识的关系》，1905

人们常说，如果你必须要解释一个笑话，那么这个笑话可能并不是很好笑。同样地，任何笑话在面对过度的分析时都可能失去其喜剧效果。然而，从心理学家的角度来看，幸好弗洛伊德没有关注这些问题。他很乐意对笑话进行分析，导致它一点也不幽默了。用他自己的话说，"当我们对一个笑话笑得很开心的时候，我们并不是处于探究它的技巧最合适的状态"。

　　通过对笑话及其内容的细微解构，他试图证明自己的观点，即笑话是对我们无意识思想的深刻见解。在《诙谐及其与无意识的关系》中，弗洛伊德这样区分了梦境和笑话："梦境主要是为了让我们避免不愉快，笑话则是为了获得快乐；但对这两个目标来说，我们所有的心理活动都是一致的。"他认为，笑话不仅是一个窗口，可以看到讲笑话的人平常隐藏的想法，也可以看到他们的听众，甚至是整个社会的想法。弗洛伊德喜欢讲笑话的语言机制，他是一个众所周知的双关语爱好者。但他最感兴趣的是笑话试图隐藏的东西和它无意中揭示的东西。他认为玩笑中存在着真理，就像弗洛伊德口误中也存在着真理一样。在弗洛伊德的分析中，他受到了德国哲学家西奥多·利普斯（Theodor Lipps）的极大影响，后者于 1898 年出版了《笑话与幽默》（*Komik und Humor*）。在那部作品中，利普斯提出，若是要理解笑话是如何运作的，我们不应该只看"意识的内容"，而应该关注"固有的无意识的心理过程"。

对弗洛伊德而言，讲笑话是满足人类原始攻击性动力的一种手段。就其性质而言，笑话颠覆了典型的压抑和压制机制。它们使我们能够框定那些本来可能未被发掘的想法和感受。在这个层面上，观众和讲述者一样参与了颠覆过程。事实上，笑这一行为本身可以被看作是一种拒绝抑制的身体表现。对弗洛伊德而言，他主要对笑话表明讲笑话的人和观众的性无意识感兴趣，因为它允许集体打破性禁忌（至少在口头上）。

他还认识到，笑话通常会否定其他文化禁忌。毕竟，笑话可以让你攻击敌人、弱者或局外人，还可以嘲弄权威。在《诙谐及其与无意识的关系》中，他写道："如果一个笑话本身不是目的，也就是说不会招人反对，那么它只为两种倾向服务，这两种倾向本身可以合并成一个观点；它要么是一个敌对的笑话（用于侵略、讽刺、防御），要么是一个淫秽的笑话（用于剥光别人的衣服）。"即使是"无伤大雅的玩笑"也有更深层次的动机，比如"炫耀自己有多聪明，展示自己的暧昧冲动，这是一种在性爱领域等同于暴露狂的动力"。

虽然弗洛伊德关于笑话的文章因其缺乏笑料和坚决严肃的语气而引人注目，但他干巴巴的分析提出了许多重要的观点，这些观点在今天和他当初撰写论文时一样适用。例如，作为一个生活在反犹太主义日益严重的时代的犹太人，他写道："外人所讲的关于犹太人的笑话大多是残酷的滑稽轶事，在这些笑话中，由于外人认为犹太人本身就是滑稽的人物，因此节省了用来开一个适当玩笑的力气。"一个多世纪后，仍然有大量的"喜剧演员"在潜意识中种族主义和仇外心理的定型观念中挖掘喜剧的缝隙。

同时，《诙谐及其与无意识的关系》中的另一项分析提供了一个见解，即弗洛伊德如何利用一个笑话并挖掘其潜意识中性起源的证据（以及，也许是下意识地，暗示他自己婚姻中的情况）。最初的笑话是这样的："妻子就像一把伞……迟早要被带上出租车（在 20 世纪初的维也纳，出租车是妓女的俚语）。"弗洛伊德解释说：

> 这个比喻可以这样理解：一个人结婚是为了保护自己免受感官的诱惑，但事实证明，婚姻并不能满足比平时更强烈的需求。同样地，一个人带着伞来保护自己不受雨淋，但在雨中还是会被淋湿。在这两种情况下，人们必须四处寻找更有力的保护：对于后者来说，人们必须乘坐公共交通工具；对于前者来说，人们可以用金钱来换取一个女人……除非是真爱，否则人们不会大胆地公开宣布婚姻并不是为了满足男人的性欲而作出的安排……这个笑话的力量在于尽管是以各种迂回的方式，但它已经宣布了这一点。

因此，我们得到了"什么时候一个笑话并不是笑话？"这个问题的答案。今天，弗洛伊德对笑话的研究不如他对梦境的解释或婴儿性行为的发展等方面的研究那么出名。然而，尽管这些研究有些晦涩难懂，但它们在其更广泛的知识产出中占据了重要地位，有助于实现他将精神分析扩展到"人们普遍关注的领域"的目标。

反自我的社会

"一般说来，我们的文明是建立在对本能的压制上的。"

——西格蒙德·弗洛伊德，《"文明的"性道德与现代神经症》，1908

弗洛伊德一直在探索如何将他与个人心理有关的思想扩展到整个社会。他职业生涯的后几十年里在这一研究领域里投入了大量的时间。他所论述的大部分内容也是高度分裂的，引起了批判者的猛烈攻击，甚至迫使一些他最忠实的追随者对他的理论敬而远之。

　　他为此采取的方法可以大致描述为分析社会互动、仪式和其他行为模式的过程，以确定它们背后被压抑的动机。1939 年，弗洛伊德写了《摩西与一神教》（*Moses and Monotheism*）一书，对《圣经》中摩西形象的关键部分提出质疑。有人认为弗洛伊德的分析创新且有见地，而另一些人则认为这是历史的谎言。就他的一般方法而言，哲学家米克尔·博尔奇 – 雅各布森（Mikkel Borch-Jacobsen）和心理学家索努·沙姆达萨尼（Sonu Shamdasani）的评论很有启发意义。他们认为，弗洛伊德用"和他在办公室里秘密地用来'重建'他的病人被遗忘和压抑的记忆同样的解释方法"来考察社会。

　　他对社会的"心理分析"的高潮可能是 1930 年发表的《文明及其不满》。该书的基本论点是，整个社会都被个人欲望和社会要求之间的紧张关系所困扰；或者换一种说法，自然和文明之间存在着根本性冲突。用弗洛伊德自己的话说："用社会的力量取代个人的力量是走向文明的决定性的一步。"

但是，如果社会运作与个人驱动力相反，那么社会是如何存在的呢？毕竟，正如他在 1905 年指出的那样，人类是"不知疲倦的快乐追求者"，但社会对其强加的义务和责任中，经常对快乐的实现有所减损。人的性欲冲动和由此产生的对任何阻碍他的东西的攻击倾向如果不受约束，最终是有害的。我们可能真的会为了追求满足而自相残杀。因此，整个社会团结在一起，将谋杀、强奸和通奸等列为非法行为。正如他所说："因此，文明通过削弱和解除个人危险的侵略欲望，并通过在他体内设立一个机制来监督它，就像在被征服的城市中设立一个驻军，从而获得对个人危险的侵略欲望的控制。"此外，许多为保障人类生活所必需的任务在合作团体中能被更有效地进行。因此，"文明人已经用他的一部分幸福机会换取了一定程度的安全"。

然而，根据弗洛伊德的观点，这种社会契约带来了新的敌意来源，因为个人为符合社会要求收敛了他们的自然驱动力。妇女为了孩子的利益而牺牲自己的快乐，而男人则将他们的一部分性欲能量用于满足更广泛的社会需求。此外，妇女因被困在家务工作中而对社会心怀怨恨。当社会试图让人们更加和平地共处时，多数人的需求凌驾于个人需求之上，这就产生了越来越多的不满。

弗洛伊德接着探讨了如何利用宗教为那些希望在自己和社会中明显的普世痛苦之间建立起一道墙的人实现这一目标。然而，他继续说，即使宗教通过驯服原始本能和鼓励共同的信仰体系来发展社会，它也向个人释放了心理战的压力，他们不仅必须让自己屈服于社会，还必须屈服于神灵。

他还思考了我们拥有多少与追求快乐的性欲相对立的自然本能，从而产生了他对死亡本能的描述。这反过来又描绘出这样一个前景，即人类最终会成为一种破坏性力量，社会将努力压制我们的自然侵略性。侵略性被重新导向我们自己，表现为超我，它使我们对自己犯下的错误感到后悔，甚至对那些仅仅只浮现在我们脑海里的事情感到内疚。负罪感和相关的不满情绪因此成为良好公民的前提条件。弗洛伊德还提出了文化超我的概念———一种对整个社会的超然良知，它对个人施加了更多的监管，从而进一步助长了不满情绪。

总而言之，这是一幅相当暗淡的社会图景——在这一机制中，我们被迫以牺牲自己的真实愿望为代价来顺从。事实上，他认为社会是造成人类痛苦的三个主要原因之一：

我们受到来自三个方面的痛苦威胁：来自我们自己的身体，身体注定要腐烂解体，甚至还必须以痛苦和焦虑作为警告信号；来自外部世界，它可能以压倒性的、无情的毁灭力量对我们发怒；最后来自我们与其他人的关系。这最后一个方面所造成的痛苦也许比其他任何方面都来得更甚。

鉴于我们倾向于轻率地接受社会强加的规范，他也没有对我们能大大改善这种情况抱太大希望：

人们不可能摆脱这样的印象：人们普遍使用错误的衡量标准——他们为自己寻求权力、成功和财富，并羡慕那些已经拥有的人，他们低估了生活中真正的价值。

弗洛伊德论战争

"只要各民族的生活条件大大不同，各民族之间的冲突如此激烈，战争就将不可避免。"

——西格蒙德·弗洛伊德，《对战争与死亡的思考》，1915

弗洛伊德对社会的分析是多年思考的结果，远远超出了对当时社会经济现实的下意识反应。这就是说，弗洛伊德在创作其社会心理方面的最重要作品时，其自己所处的特殊复杂环境——包括个人和其他方面——并不在考虑之内。

到了 20 世纪 20 年代，他年事已高，身体也不好（包括患上癌症之后身体虚弱），接连失去了女儿和孙子的悲剧也发生在他身上。但也许最重要的是，他被可怕的第一次世界大战以及随之而来的经济和社会动荡所深深影响（弗洛伊德个人在战后的经济崩溃中损失了很大一笔钱）。此外，到 20 世纪 20 年代末，伴随着反犹太情绪的加剧，欧洲的极端主义政治正在崛起。

弗洛伊德在一战爆发的最初阶段是奥德联盟的支持者，但没过多久，他就意识到整个战事的愚蠢荒谬。随着东线和西线死亡人数的增加，他开始将冲突视为人类与生俱来的侵略性的可怕表现（无论是作为个人还是在更广泛的社会群体中）——他将这一特点描述为"文明的最大障碍"。即使个人根据社会期望来抑制他们个人的攻击性，但弗洛伊德也注意到，历史上有群体将他们的攻击性集体向外引向敌对群体的惯例。他写道："人们不需要变得多愁善感，也可以意识到人类生活中痛苦的生物和生理本能的必要性，但人们可以谴责战争的方法和目的，并渴望战争的结束。"

正如他在 1918 年的一封信中所写："我对善与恶的问题不大动脑筋，但我发现人类总体上没有什么'好'的地方。"他根本不相信人类倾向于以一贯的道德和和平的方式行事，因为他曾经描述过我们"原始、野蛮和邪恶的冲动"。

弗洛伊德和阿尔伯特·爱因斯坦之间的一封非同寻常的通信，在 1933 年以《为什么会有战争？》（*Why War?*）为题出版，对猜测弗洛伊德晚年对战争的看法很有帮助。他在信的开头提出了以下看法：

今天，我们把法律和暴力看作是对立的。很容易证明，一个是由另一个发展而来的，如果我们回到最开始的时候，看看这个问题最初是如何发生的，问题的解决方案便显而易见……人与人之间的利益冲突原则上是通过使用暴力来解决的。这就是整个动物界的情况，人类不应该把自己排除在外。

应该说，弗洛伊德的观点在理论上并非不可行。例如，他建议，利益共同体越庞大，就越会迎来持久和平的前景。在实践中，他建议建立一个以共识为基础来处理国际利益冲突的中央组织，这是一个可以充当维和者的组织，而且比现有的国际联盟更强大。然而，他认为这种情况发生的现实可能性很小：

很明显，今天每个国家最重要的民族主义思想的发展方向是完全相反的。有些人认为，布尔什维克主义的概念可能会结束战争，但就目前的情况来看，距离达成这个目标还很遥远，也许只有在残酷的自相残杀的战争之后才能实现。因此，就目前的情况来看，任何以理想化的力量来取代蛮力的努力都注定要失败。

然而，他确实想知道，文化发展是否可以提供最大的长期和平机会。"在心理学方面，"他指出，"文化的两个最重要的现象，首先是智力的加强，它倾向于掌握我们的本能生活，其次是攻击性冲动的内敛，及其所有随之而来的好处和危险。"但是，他对其成功机会的怀疑也很明显：

我们还要等多久才能让其他人变成和平主义者？很难说，但也许我们希望这两个因素——人类的文化倾向和对未来战争形式的充分恐惧——能在不久的将来结束战争，这并不是空想。但这将以何种方式或途径实现，我们无法猜测。同时，我们可以确信，任何促进文化发展的因素都会对反战起作用。

最终，战争——尤其是现代战争的无情程度与达成目的的超高效率——让弗洛伊德感到震惊，但他认为从社会心理和组织的角度来看，没有什么能表明它将或甚至可能被历史所抛弃。但人类愿意将自己暴露在战争固有的无情痛苦中，这样不理性的行为仍让他感到震惊：

每个人都有权支配自己的生命，而战争摧毁了充满希望的生命；它迫使个人陷入耻辱的境地，迫使他在违背自己意愿的情况下杀害同胞；它蹂躏了物质设施和人类劳动的成果，以及其他许多东西。此外，现在进行的战争，没有为按照旧的理想和原则进行英雄主义行为留下余地，而且，鉴于现代武器的高度完善，今天的战争尽管不会到同归于尽的地步，但也意味着其中一方的战斗人员全部被消灭。这一事实显而易见，以至于我们不禁要问，为什么禁止战争的行为没有得到普世认可。

然而，即使是弗洛伊德也无法预料，在一战结束后不到 20 年的时间里，世界面临的暴行将全面升级。就在他与爱因斯坦通信的一年后，弗洛伊德的书在纳粹集会上被烧毁，并发出呼吁："打倒对破坏灵魂的本能生活的颂扬，为了人类灵魂的高贵！"弗洛伊德认为，文明至少已经取得了一些进展——他说，希特勒正在监督烧毁犹太人的书籍，而在前几代人的时代，被烧死的是作者本人。大屠杀距离我们只过去了九年时间。

开创一项运动

"一个人必须让自己被人谈论。"

——西格蒙德·弗洛伊德致信玛莎·伯纳斯，1884

弗洛伊德从小就有雄心壮志，但只有在更成熟的时候，他才能够建立起他所需要的网络来真正实现自己的目标。其中最重要的是在国际舞台上推动精神分析的发展，这反过来会为他带来所渴望的经济保障和个人荣誉。

　　虽然弗洛伊德一直处在主流社会之外，但他认识到，为了实现自己的抱负，他不能单打独斗，必须呼吁他人的帮助。他自幼就善于建立有用的联盟，例如，与他的侄子约翰（雅各布·弗洛伊德第一次婚姻中某个孩子的儿子，实际上比西格蒙德略年长）建立了深厚的友谊。然后是在学校里与一系列聪明的男孩建立联系，这些男孩并没有因为他是犹太人而对他评头论足，他们喜欢他充满智慧的言论。在他职业生涯的早期，他继续搭建桥梁，即使他日益激进的想法难以得到大众的支持——当没有人对他的工作表现出兴趣时，他先是与约瑟夫·布洛伊尔，后来与威廉·弗利斯结盟。

　　到了世纪之交，作为学界明星的他正在冉冉升起，他开始利用自身更大的影响力，想要利用他日益增长的地位的需求变得前所未有的迫切。当时，他已经结婚了，而且是六个孩子的父亲，还有年迈的父母需要赡养。1898 年，他告诉弗利斯："……财富带来的幸福太少了，钱财不是我童年的愿望。"这可能不会给他带来幸福，但很明显，他渴望得到随之而来的心灵的平静。直到1930年，他仍在哀叹自己在经济方面相对来说没有什么安全感，他告诉斯蒂芬·茨威格："我常常不羡慕爱因斯坦，年轻的他精力充沛，这让他能够如此积极地投身于许多事业。我不仅年老、体弱、疲惫，而且还背负着沉重的经济责任。"

在这些内部压力下，20世纪初，当弗洛伊德在寻求精神分析运动的定位时，他变成了一个老谋深算的战略家。他相信精神分析内部包含着改变人类的潜力，他决心围绕它开创一项运动。他的尝试始于1902年，在他获得维也纳大学的助理教授职位后不久。在《梦的解析》和《日常生活心理病理学》出版后，他开始于每周三晚上在家里主持一个讨论小组（这个小组很快就被称为"星期三心理学会"）。他把它看作是一个论坛，在那里他可以向由他自己挑选的聪明的年轻人介绍他的想法。每次会议开始时，玛莎都会为他们送上黑咖啡和雪茄，然后弗洛伊德就会登场。他习惯性地就他的最新想法发表讲话——据说通常是以十足的自信心发表的——而他的听众则记下笔记，并准备提出批评。

虽然辩论是这些会议的一个关键因素，但弗洛伊德还是作为一个领导人物而出现。事实上，在一些观察家看来，这些成员更像是聚集在弥赛亚身边的使徒。正如最早的成员之一威廉·斯特克尔所说："……我们就像一块新发现的土地上的先驱者，而弗洛伊德是领导者。一个火花似乎从一个人的头脑中跳到另一个人的头脑中，每个夜晚都像一个启示。"

弗洛伊德现在有了一个强大的基础，可以基于此进一步开展工作，而且他也不打算安于现状。1908 年，"星期三心理学会"更名为名号更响亮的"维也纳精神分析协会"，并在萨尔茨堡召开了第一次国际大会。由于弗洛伊德热衷于将他的影响扩大到维也纳以外的地区，柏林精神分析协会也成立了。到 1909 年，这一势头更猛。《心身和精神病理学调查年鉴》（*Yearbook of Psychosomatic and Psychopathological Investigation*），也被称为《年鉴》（*Jahrbuch*）首次出版，并成为精神分析领域最前沿思想的展示平台。

欢迎所有的人加入

弗洛伊德意识到他的信徒中犹太人的比例过高。虽然他赞赏才智超群的学术研究精神，这是他认为的欧洲犹太人的特质，但让他感到焦虑的是，除非该组织的队伍扩大到非犹太人群体之中，否则运动本身就会停滞。因此，当一位名叫厄根·布洛伊勒（Eugen Bleuler）的瑞士非犹太精神病学家在 1904 年左右与他取得联系，并随后将他的一位年轻同事卡尔·荣格（Carl Jung）介绍给他时，他感到很高兴。于是，20 世纪心理治疗两个最伟大人物之间对彼此复杂的影响就此展开。

此外，弗洛伊德在同伴荣格和桑多尔·费伦齐的陪同下，展开了一次极其成功的美国之行——尽管弗洛伊德在那里待得并不愉快。当他看到带他横渡大西洋的船上的一名船员在阅读他的书时，他意识到事情进展得很好。1910 年，国际精神分析协会（IPA）成立了，荣格是它的第一任主席。弗洛伊德成功地将精神分析学变成了一项国际运动。这是一个非凡的成就，即使其结构中很快就会出现裂缝。然而，这是否令他为获得他渴望已久的财富和名声而感到雀跃还不得而知。正如他在1922年对同为精神分析学家的马克斯·埃廷顿（Max Eitingon）所说的那样："我解除了物质上的忧虑，但却被令我厌恶的人们所包围，并参与到剥夺我平静的科学工作事情中去。"

以下是精神分析运动早期一些有影响力的人物名单：

* 卡尔·亚伯拉罕（Karl Abraham，1877—1925；德国人）。亚伯拉罕是一个很有天赋的医学生，他在瑞士的一家精神病院任职，与厄根·布洛伊勒和卡尔·荣格一起工作，后者向他介绍了弗洛伊德的工作。1907年，他第一次见到弗洛伊德，很快就和他展开了专业上的合作，而且两人也成了朋友——他也在适当的时机成了弗洛伊德"最好的学生"，他尤其与弗洛伊德的性心理发展理论的发展密不可分。他是最早提醒弗洛伊德注意卡尔·荣格对某些弗洛伊德正统理论构成威胁的人之一。1910年，亚伯拉罕移居柏林，帮助在当地建立精神分析协会，该协会在他因癌症早逝后幸存下来，但却被纳粹主义的崛起扼杀了。他还在1914年至1918年期间担任IPA的主席，并在1925年再次担任该协会的主席。

* 阿尔弗雷德·阿德勒（Alfred Adler，1870—1937；奥地利人），维也纳的一名医生，也是弗洛伊德最早的追随

者之一，参加了"星期三心理学会"的成立会议。然而，他与弗洛伊德的关系很快就变得紧张起来。他本身雄心勃勃，对俄狄浦斯情结等基本观点的完整性提出质疑。当荣格在 1910 年被任命为国际精神分析协会的主席时，他很不满意，因为他认为这个职位本应属于他。他已经是该协会月刊《精神分析中央评论》（*Central Review of Psychoanalysis*）的编辑之一，但他拒绝了弗洛伊德提出让他领导维也纳精神分析协会的邀请。1911 年，他与弗洛伊德决裂，建立了后来的个体心理学协会，并带走了弗洛伊德在维也纳的九名成员。

- 马克斯·埃廷顿（Max Eitingon，1881—1943；俄罗斯人）。埃廷顿十二岁时移居德国，在苏黎世学医，是弗洛伊德早期的追随者之一，他一开始与布洛伊勒和荣格一起工作。他在 1908 年接受了弗洛伊德的分析，随后自己也成为一名医生。他以柏林为根据地，受弗洛伊德邀请加入秘密委员会，为了在 20 世纪 10 年代笼罩该团体的内部纠纷中保护弗洛伊德而对该运动做出贡献。埃廷顿出身于一个富裕的家庭，拥有出色的组织能力，是国际精神分析学发展的重要支持者之一。当纳粹主义在德国占据主导地位时，他在经济上一蹶不振；作为一个犹太人，他的生存受到了威胁，他搬到了巴勒斯坦，在那里建立了该运动的另一个分支。亚伯拉罕去世后，是他接管了 IPA 的领导权。死后，他被指控为苏联暗杀集团的一员，但这些指控从未得到确凿的证明。

- 桑多尔·费伦齐 (Sándor Ferenczi, 1873—1933；匈牙利人)。
  费伦齐在维也纳学医，毕业于医学专业。在 1908 年与弗
  洛伊德合作之前，他已经是一名神经病学家和精神病学
  家。他因对待病人富有同理心而闻名，因此，他遇到了
  许多具有挑战性的病例。他在 1918 年至 1919 年期间担
  任 IPA 的主席。然而，到了 20 世纪 20 年代，他在几个
  重要方面与弗洛伊德产生了分歧——尤其是主张在治疗
  中采取比弗洛伊德所主张的更直接的干预措施。

- 欧内斯特·琼斯 (Ernest Jones, 1879—1958；英国人)。
  琼斯出生于威尔士，是一名合格的神经病学专业的医生。
  他对精神病患者的治疗越来越感兴趣，在 1903 年左右第
  一次接触到弗洛伊德的作品，并试图在自己的实践中使
  用其中的许多观点。他于 1907 年在瑞士见到了荣格，一
  年后在萨尔茨堡举行的第一届国际精神分析大会上见到
  了弗洛伊德。在返回英国之前，琼斯在加拿大工作了四
  年。当时他仍是世界上精神分析领域中领先的以英语为
  母语的专家。1913 年，他成立了伦敦精神分析协会，六
  年后成立了英国精神分析协会。他将正式告诉弗洛伊德，
  在英国，精神分析"站在医学、文学和心理学兴趣的最
  前沿"。多年来，他对弗洛伊德非常忠诚，尽管弗洛伊
  德果断地打消了琼斯早先想与他女儿安娜谈恋爱的念头，
  安娜在不久后会在精神分析领域开拓出自己的辉煌事业。

他曾两度担任国际精神分析协会的主席（1920—1924 年和 1932—1949 年），他还帮助弗洛伊德离开维也纳并于 1938 年在伦敦顺利定居。琼斯把自己看作是弗洛伊德工作的守护者，并为传播精神分析的真理奉献了自己的一生。他还负责编写了弗洛伊德本人在当代最重要的传记之一。

• 卡尔·荣格（Carl Jung, 1875—1961；瑞士人）。荣格因在苏黎世的精神病院与厄根·布洛伊勒一起工作而成名。他在 1907 年第一次见到弗洛伊德，两人一见如故。最重要的是，弗洛伊德看到了借助荣格和布洛伊勒提高精神分析运动的国际地位的机会，在早期信徒中，他们因既不是奥地利人也不是犹太人而引人注目。事实上，在某种意义上，在精神分析运动中，弗洛伊德将荣格视为自己的继承人，尽管正如我们即将看到的，他们的故事并没有一个圆满的结局。

• 奥托·兰克（Otto Rank, 1884—1939；奥地利人）。兰克是知识界的神童。1905 年，当刚满二十一岁时，他带着一篇文章（关于"艺术家"的主题）找到了弗洛伊德，这篇文章给弗洛伊德留下了深刻印象，他邀请这位年轻人成为新生的维也纳精神分析协会的秘书。他还鼓励兰克进行研究，最终他于 1911 年获得博士学位，这可能被认为是第一个与弗洛伊德有关的博士学位拥有者。他是一名杰出的精神分析论文作者，仅次于弗洛伊德本人。

事实上，他被许多人看作是他导师的得力助手，特别是在与荣格关系恶化之后。他有效地将精神分析理论应用于传说、神话和文化研究方面。从1915年到1918年，他一直担任国际精神分析协会的秘书，并成为弗洛伊德秘密委员会的一员。20世纪20年代，他与费伦齐紧密合作，甚至面对弗洛伊德的告诫，也要采取更积极的治疗实践。1924年，他发表了一篇论文，对俄狄浦斯情结的有效性提出质疑，这是弗洛伊德的信徒第一次公开表示怀疑。这一事件让弗洛伊德"怒火中烧"。1926年，兰克去了巴黎，在巴黎和纽约度过了他的余生。

- 汉斯·萨克斯（Hanns Sachs，1881—1947；奥地利人）。他的职业是律师，作为第一个被弗洛伊德接受进入他的精神分析核心圈的非医学领域人士而引人注目，他在1910年左右开始参加该团体的每周会议。事实证明他是一个忠诚的盟友，特别是在弗洛伊德与阿德勒和斯特克尔发生纠纷的时期。1912年，他加入了弗洛伊德的秘密委员会。同年，他和奥托·兰克开始编辑 *Imago* 杂志，该杂志专注于精神分析的非临床应用。由于健康状况不佳，萨克斯迁往柏林任教。出于对希特勒统治的担忧，他于1932年移居美国波士顿。在弗洛伊德临终时，据说他曾告诉萨克斯："我知道我在美国至少还有你一个朋友。"

- 威廉·斯特克尔（Wilhelm Stekel，1868—1940；奥地利人）。斯特克尔出生于如今的乌克兰境内，1902年他第一次遇到弗洛伊德，当时他要求进行精神分析。他很快加入了弗洛伊德的"星期三心理学会"，并与阿德勒建立起了特别密切的友谊。两人负责监督该运动的月刊《精神分析中央评论》，但弗洛伊德对他们所持有的与自己相反的各种立场越来越感到不安。斯特克尔最终辞去了维也纳精神分析协会的职务，但欧内斯特·琼斯对他的评价是："斯特克尔可以说是和弗洛伊德一起创立了第一个精神分析协会。"后来，斯特克尔于1940年自杀了。

敌人即吾友

"我的情感生活一直坚持认为，我应该有一个亲密的朋友和一个憎恨的敌人。"

——西格蒙德·弗洛伊德，《梦的解析》，1899

尽管弗洛伊德在建立支持者大军方面取得了巨大的成功，但他的一生也因一系列的关系破裂而引人注目。这种趋势很早就已经出现了——例如，他与侄子约翰的童年友谊就经历了一系列的破裂。正如他在《梦的解析》中所指出的："我们很爱对方，也互相争吵；这种童年关系……对我后来与同时代所有人的关系产生了决定性的影响……"

　　后来有记录证明了这一点。弗洛伊德与布洛伊尔的关系让他们在学术方面成果颇丰，但由于二人的《癔症研究》相对不太成功，且弗洛伊德越来越坚持心理的性基础，这段关系无法再维系下去。然后是与弗利斯之间更具破坏性的争执，弗利斯支持了弗洛伊德好几年，而他似乎注定只能在荒野中孤独呐喊。经过多年非常亲密的通信，他们分享了个人和职业的秘密，他们在1900年最后一次见面，并在1902年寄出了他们的最后一封信，因为彼此的分歧使他们之间的友谊变得紧张。弗利斯还确信弗洛伊德与第三人分享了工作内容——弗洛伊德激烈地反驳了这一说法。弗洛伊德的一些同事发表了一篇文章，弗利斯认为剽窃了他自己的论文，之后他于1906年公开了弗洛伊德寄给他的一些信件，以证明自己的观点。弗洛伊德对这一事件感到震惊，作为回应，他在第二年放火烧掉了自己的许多文件，人们认为这是他为了防止隐私被进一步侵犯。

　　正如其早期成员的画像所暗示的那样，激烈的争论成为各个精神分析协会的标志。第一次关系的严重破裂于 1911 年发生在弗洛伊德与阿尔弗雷德·阿德勒之间。作为精神分析的创始人，弗洛伊德认为他有专属的权利来定义这个运动所代表的东西，他致力于斡旋不同的意见。他对阿德勒的怨恨在他 1914 年的作品《论精神分析运动的历史》（*On the History of the Psychoanalytic Movement*）中显而易见，这部作品本身就是试图争夺对运动的过去和未来叙述的控制权："阿德勒关于梦的一切说法，都是精神分析的遮羞布，同样是空洞无物、毫无意义的。"弗洛伊德很善于对别人展开无情的贬低，比如他对德国心理学家阿尔伯特·莫尔（Albert Moll）的看法："他像魔鬼一样把房间弄得臭气熏天，部分原因是缺乏信念，另一部分原因是他是我的客人，我没有对他进行足够的抨击。"

　　在与阿德勒闹翻之后，弗洛伊德又与斯特克尔产生了痛苦的争执，诸如此类的事情还有很多。1913 年左右，欧内斯特·琼斯找到弗洛伊德，提出建立一个内部圈子（后来被称为秘密委员会）的想法，其职责是阻止其他争端，并在总体上保护运动的良好声誉和未来。

　　弗洛伊德欣然同意，他最初任命了琼斯、卡尔·亚伯拉罕、桑多尔·费伦齐、奥托·兰克和汉斯·萨克斯，1919 年又增加了马克斯·埃廷顿。在十年左右的时间里，即使在一战期间，秘密委员会也有效地履行了自己的职责，这给 IPA 的运作带来了重大的实际困难。然而，在 1924 年左右，兰克和费伦齐的分歧导致秘密委员会被解散并重组。弗洛伊德的女儿安娜被请来确保她父亲的利益——这是安娜职业生涯中的一个重要阶段，她在维护和扩展她父亲的思想遗产方面做了很多工作，并开创了她自己的新精神分析方法，直到她于 1982 年去世。

任何国际运动的出现（尤其是知识性运动）都必然会迎来考验。然而，弗洛伊德被卷入了异常频繁的对抗中。虽然他渴望与世界分享他的思想，但他期望这些思想应该保持在他的控制之下，这使得交锋成为他的生活特征，令人疲惫但不可避免。

弗洛伊德 VS 荣格

"荣格是个疯子，但我真的不希望关系发生破裂；我更希望他能主动离开。"

——西格蒙德·弗洛伊德致信卡尔·亚伯拉罕，1913

使得与荣格的分裂比其他分裂严重得多的是弗洛伊德对荣格所给予的厚望。他们的关系从一开始就很紧张。1907 年他们见面后不久，荣格写信给弗洛伊德：

　　……我对你的崇敬有一些"宗教式的迷恋"的特征。虽然这并没有真正困扰我，但我仍然觉得它是令人厌恶和可笑的，因为它有不可否认的色情色彩。这种可恶的感觉来自于这样一个事实：作为一个男孩，我是一个我曾经崇拜的男人的性侵犯的受害者。

　　到了 1909 年，弗洛伊德把荣格——这个受人尊敬的来自国外的非犹太人——看作是他国际运动领袖身份毫无疑问的继承人。"当我建立的帝国无人继承时，"弗洛伊德说，"除了荣格，没有人可以继承一切。"弗洛伊德赋予了他许多荣誉的职责——1908 年让他担任《年鉴》的编辑，1909 年参与弗洛伊德的美国之行，1910 年担任国际精神分析协会的主席。

　　然而，问题的核心从一开始就存在。荣格对弗洛伊德的性理论一直有一些疑虑。他不确定这些理论是否像弗洛伊德坚持的那样，对心理发展具有根本性的重要意义。弗洛伊德则选择忽视，或者至少淡化任何来自荣格的异议，所以他有意培养荣格成为他的继承人。然而，1910年的一次交流，多年后被荣格认定为二人关系终结的开始。弗洛伊德把他拉到一边说："我亲爱的荣格，答应我永远不要放弃性理论。这是所有事情中最重要的事情。你看，我们必须把它变成一个教条，一个不可动摇的堡垒……对抗黑色的泥潮……神秘主义的泥潮。"荣格大吃一惊。在他看来，"教条"是一种不容置疑的信仰坦白，不允许讨论或反对。"但这已经与科学判断无关了，"荣格多年后回忆说，"只与个人的权力欲望有关。"

到了1912年，即便是弗洛伊德本人，也无法忽视他门徒的想法与他自己想法之间的巨大分歧。值得注意的是，在美国之行中，荣格对所有神经官能症都植根于童年性行为的理论表示怀疑。弗洛伊德认为荣格是在对自己的无意识进行抵抗，并表现出要杀死"父亲"的俄狄浦斯式意愿。同时，荣格对弗洛伊德对待阿德勒和斯特克尔的行为感到不安。他还担心围绕着这个运动的领袖形成个人崇拜，他在1912年告诉弗洛伊德："你把你的学生当作病人来对待，这种方法是错的。这样一来，你要么培养出卑躬屈膝的儿子，要么培养出厚颜无耻的小狗……我很客观，能看穿你的小把戏。"虽然荣格和弗洛伊德短暂地和解了，但却对他们的关系产生了致命打击。

正如弗洛伊德所知道的那样，最终的分裂被1913年出版的具有高度推测性的《图腾与禁忌：野蛮人和神经病人的精神生活之间的相似性》（*Totem and Taboo : Resemblances Between the Mental*

Lives of Savages and Neurotics）所证实。在该书中，弗洛伊德试图将他从精神分析实践中获得的知识和经验应用于宗教和人类学等不同的领域——这一策略让荣格深感不安。例如，弗洛伊德认为，澳大利亚原住民群体使用图腾作为对抗一切乱伦倾向的方式（禁止在同一图腾下出生的人之间结婚）。然后，他研究了图腾和仪式做法是如何掩盖一个人对另一个人的情感矛盾的（例如，同时对一个统治者的敬畏和蔑视），其举止类似于神经病人。

他对图腾主义的起源提出了一个特别有争议的论点，剽窃一个富有争议的达尔文主义理论，即原始社会的安排是这样的：一个单一的"阿尔法男性"被一群有生育能力的女性所包围。弗洛伊德认为，那些被首领男性拒之门外的后代会密谋杀死他们的父亲（他们钦佩和恐惧的对象）。出于内疚，他们便以图腾的形式敬仰他，弗洛伊德将此描述为俄狄浦斯情结在古代的演绎。

可以预见的是，这对荣格来说太过沉重，他在 1914 年辞去了各种职务。他随后创建了自己的运动——分析心理学流派，强调个人心理及其对整体性的追求。荣格的方法自然与弗洛伊德的思想有重叠之处，但并没有采取后者的关键理论，尤其是性理论。

在促进我们对人类心灵的理解方面，弗洛伊德和荣格是他们那个时代的两位巨匠。虽然他们的分裂对他们个人来说是痛苦的，但对更广大的世人而言，这可能被视为一件好事，因为他们各自独特的学说使世界受益。

生活是一种平衡：乐趣与消遣

"心理学确实是一个沉重的十字架。无论如何，打保龄球或采蘑菇都是一种更健康的消遣方式。"

——西格蒙德·弗洛伊德致信威廉·弗利斯，1895

弗洛伊德是一个工作狂，以至于他不得不将为数不多的消遣纳入繁忙的日程表，而这个日程表在他成年后几乎没有变化。他倾向于在早上七点起床，大约一小时后接待他的第一个病人。然后，他将进行精神分析，直到中午，他会休息，与家人共进午餐。接下来，他在当地社区散步（通常经过烟草店），然后回到诊室继续为病人看病，直到晚上七点。七点到九点之间，他就餐后再去散步，或者打牌，或去咖啡馆看报纸。然后他回到自己的书房处理信件或论文和讲稿，直到午夜时分才上床睡觉。

毫无疑问，他最喜欢的消遣方式是抽烟——无论在工作还是休闲时，他都会这样做。在他一生中的大部分时间里，他都是一个抽雪茄的老烟枪，从他一醒来就开始抽，一直到入睡。他通常一天抽二十支雪茄，有一次他对弗利斯说："一天抽两支雪茄，这样就能认出不抽烟的人了。"在他十七岁的侄子拒绝抽雪茄后，他说："孩子，抽烟是生活中最大和最廉价的享受之一，如果你已经决定不抽烟，我只能为你感到遗憾。"

瑞士精神分析学家雷蒙德·德·索绪尔（Raymond de Saussure）讲述了以职业身份与弗洛伊德的会面：

人们被他办公室的气氛所征服，这是一个相当黑暗的房间，

194

通向一个院子。光线不是来自于窗户，而是来自于他那清晰明了的头脑所散发出的光芒。只有通过他的声音和他不停地抽着的雪茄气味才能与他建立联系。

与此同时，汉斯·萨克斯回忆说，弗洛伊德"非常喜欢抽烟，以至于当他周围的人不抽烟时，他有些恼怒。因此，几乎所有组成核心圈子的人都或多或少地成为了热情的雪茄客"。

他对烟草的热爱使他无法改掉这一习惯，即使这威胁到了他的健康。三十多岁时，他出现了可能患有心脏疾病的症状，弗利斯劝他暂时放弃抽烟，但他很快又复吸了。弗洛伊德写信给他说："自从你发出禁令的那天起，我已经七个星期没有吸烟了。起初，我的感觉和预期的一样，糟糕得令人发指。心脏病症状伴随着轻微的抑郁症，以及禁欲的可怕痛苦。这些症状过几天都消失了，但我完全提不起劲儿工作，我被彻底打败了。七个星期后，我又开始抽烟……从抽最初的几支雪茄开始，我就能工作了，而且能控制自己的心情；在这之前，生活让我难以忍受。"即使与抽烟有关的癌症笼罩着他，他也不会背弃自己的习惯。

后天养成的嗜好

在抽烟方面，弗洛伊德受到了奥地利政府对烟草业垄断的限制。他经常抽的是 Trabucco——一种小型的、温和的雪茄，属于奥地利生产的高端产品。然而，他更喜欢难买到的外国品牌，特别是 Don Pedros 和 Reina Cubanas，还有 Dutch Liliputanos。如果他在旅行途中无法获得补给，他会呼吁他的国际友人们为他补充库存。

也许唯一能与他对雪茄的热爱相匹配的其他爱好是收集艺术品和古物。我们知道，弗洛伊德热爱阅读，但他对其他艺术形式的态度很复杂。1914 年，他写道：

我不是艺术鉴赏家，只是一个普通人……然而，艺术作品确实对我产生了强大的影响，尤其是那些文学和雕塑作品，绘画作品则较少。我花了很长时间欣赏它们，试图以我自己的方式来理解它们，也就是说，向自己解释它们为什么能产生这样的效果。只要我做不到这一点，例如对音乐，我就几乎无法获得任何乐趣。我心中的一些理性主义，或者说分析性的想法，在不知道我为什么会受到影响以及影响我的是什么的情况下，对被一件事情所感动而产生反感。

作为精神分析的代表人物，弗洛伊德与超现实主义运动有着特殊的联系。超现实主义运动最杰出的代表之一安德烈·布勒东（André Breton），受到了来自弗洛伊德思想的巨大影响，他在第一次世界大战中作为军医治疗被炮弹击中的士兵时读到了弗洛伊德的作品。然而，二人在 20 世纪 20 年代初在弗洛伊德的家中有一次不愉快的会面。在 1932 年写给布勒东的一封信中，弗洛伊德写道：

现在我向你坦白，你必须以宽容的态度接受我的坦白！尽管我收到了许多关于你和你的朋友们对我的研究表现出的兴趣的证明，但我搞不清楚超现实主义是什么，它想要什么。也许是我没能理解它，我是一个离艺术如此遥远的人。

只有在几年后他在伦敦遇到萨尔瓦多·达利（Salvador Dalí）之后，他才似乎终于"明白"了，他告诉斯蒂芬·茨威格：

因为在此之前，我倾向于认为那些显然选择我作为他们的守护神的超现实主义者视为绝对的（像酒精浓度一样差不多有95%）的怪人。然而，这个年轻的西班牙人，用他坦率而狂热的眼睛和他对技术的超高掌控，使我重新考虑我的看法。

古典艺术大师们对弗洛伊德有着更大的吸引力——如达·芬奇和米开朗基罗，他在学术论文中对这两个人进行了回顾性的心理分析（尽管遗憾的是，他对达·芬奇的分析是基于对其生活的半虚构描述）。但最重要的是，他崇拜古代世界的文化产品。他收集了来自希腊、罗马、埃及和中东的大约三千件古物。他还对考古学家海因里希·施里曼（Heinrich Schliemann）的发现产生了特别的兴趣，后者声称已经发掘了特洛伊的遗迹。

1938 年到达伦敦后，弗洛伊德在给一位朋友的信中说："我们在雅典娜的保护下，自豪而富有地来到了这里。"他提到了自己拥有的希腊智慧女神雅典娜的铜像，该铜像曾作为他们移民的吉祥物。弗洛伊德为什么如此喜欢收藏，这是一个多年来一直被重视的问题。除了对历史的学术兴趣和对物品本身的美学欣赏之外，有人说，收集和积累是试图控制自我世界的一种方式。这很可能是弗洛伊德习惯的一个潜意识方面。当然，他对考古学家有一种天然的亲切感——即通过时间的回溯来寻找知识和真理的人。他在《日常生活心理病理学》中对自己的爱好做了一个也许很有说服力的旁证："我在度假时经常犯的一个阅读错误……既烦人又可笑：我把每一个以任何方式暗示店名的商店招牌都读成'古董'。这一定是我作为一个收藏家的兴趣体现。"

那么他更随意的消遣又是什么呢？当谈到纸牌时，他喜欢塔罗牌——一种用七十八张牌玩的传统游戏（标准的五十二张牌加二十六张塔罗牌作为王牌）。他于 1900 年告诉弗利斯："在星期六的晚上，我期待着塔罗牌的狂欢……"但他最奇怪的爱好也许是本节开头的引文中提到的，即采蘑菇。他显然积累了关于物种的丰富知识，他的儿子马丁后来回忆起他们的探险活动："父亲会提前做一些侦察，找到一个长满蘑菇的区域。我想他的判断依据就包括一种颜色鲜艳的毒菌，红色带着白点……"弗洛伊德有一个习惯，那就是把他的帽子猛地扔到一个角落里的蘑菇上来逗他的孩子开心。不过他们也许没有意识到他对红白斑点的真菌的渴望意味着什么——几乎可以确定它们是毒蝇伞（Amanita muscaria，也被称为蛤蟆菌或鹅膏菌），因其激起精神活性的特征而闻名。

弗洛伊德与宗教

"……我想补充一点，我不认为我们的治疗可以与卢尔德的治疗相提并论。相信圣母奇迹的人比相信潜意识存在的人多得多。"

——西格蒙德·弗洛伊德，《精神分析新论》，1933

本书的其他部分关于弗洛伊德对宗教的态度已有所涉及，但其复杂性值得进一步探究。这是因为他与宗教的关系呈现出三个不同的方面。首先，他是直言不讳的无神论者——他根本不相信有上帝。其次，尽管他自己不信，但他认识到，有组织的宗教是形成个人和集体心理的一股强大力量——既是一种善的力量，也是一种恶的力量。最后，他从作为犹太人的意识中认清自己的身份，尽管他并不接受犹太教的神学基础。

　　先说说他不相信的问题。他在《日常生活心理病理学》中巧妙地总结了这一点，他把宗教描述为"不过是投射到外部世界的心理学……一个超自然的现实，它注定要被科学再次改变成无意识的心理学"。换句话说，宗教信仰是我们自己心灵的建构，1907 年，他将其称之为"普世的强迫性神经症"。他在 1938 年对查尔斯·辛格（Charles Singer）说："无论是在我的私人生活中还是在我的著作中，我都没有掩饰过自己是一个彻头彻尾的无信仰者。"

　　他宽泛地将宗教视为社会进行自我调节的一种手段，作为一个焦点来缓解潜在的紧张来源。例如，在《文明及其不满》中，他写道："很久以前，他（人类）就形成了一种全能和全知的理想概念，他将这些概念体现在他的神灵身上，把他的欲望似乎无法企及的东西——或被禁止的东西，都归于他们。那么，我们可以说，这些神灵是文化理想。"

更根本的是，他认为宗教带有"它们产生的时代的印记，人类童年的单纯时光"，是恋母情结的另一种表达：

在我看来，宗教需求来自于孩子的无助和对父亲的渴望，这一点似乎无可辩驳，尤其是这种感觉不仅从童年时代就开始延续，而且一直由对命运无上力量的恐惧所支撑。

这是他之前在 1910 年关于达·芬奇的论文中暗示过的一个主题，他在论文中写道："全能且公正的上帝……在我们看来是父亲和母亲的伟大升华，或更确切地说，是幼儿对父母认知的复苏和重现。"

1927 年出版的《一种幻觉的未来》（*The Future of an Illusion*）进一步阐述了弗洛伊德的宗教理论。他将宗教描绘成由"某些教条、关于外部和内部现实的事实和条件的断言组成，它们告诉人们一些他们自己没有发现的东西，并声称人们应该相信它们"。它们提出三点理由来说明人们为何需要忠实地遵守这些内容：

第一，因为我们的原始祖先已经相信它们；第二，因为我们拥有从古代流传下来的证据；第三，因为根本不允许质疑它们的真实性。

他接着说，宗教信仰的特点是"实现人类最古老、最强烈、最迫切的愿望"。他写道：

> 众神保留了他们的三重任务：他们必须驱除自然界的恐怖；他们必须使人与命运的残酷和解，特别是在死亡中表现出来的残酷；他们必须为文明的共同生活所强加给他们的痛苦和匮乏提供补偿。

他认为，宗教信仰是一种幻觉："因此，当实现愿望是其动机中的突出因素时，我们称一个信仰为幻觉，而在这样做时，我们无视它与现实的关系，就像幻觉本身并不重视验证一样。"尽管他承认宗教在束缚那些可能会反对文明和文化发展的驱动力方面发挥了作用，但他批评有组织的宗教将令人窒息的道德规范强加给个人，并阻碍自由思想。

他真正的敌人

弗洛伊德尤其批判罗马天主教会教义中有关"地狱磨难"的内容。童年时一个虔诚的女佣的过度行为，使他在人生很早的阶段就开始反对基督教，同时他也憎恨反犹太主义。他对天主教极其不信任，甚至在他因纳粹的崛起而被迫离开维也纳时，他还把罗马天主教会视为"我真正的敌人"。

但是，尽管他对宗教抱有敌意，但他毕生都在文化层面认同自己的犹太人身份。例如，在 1925 年，他宣称："我的父母是犹太人，我自己也始终是犹太人。"一年后，他称自己"很高兴没有宗教信仰"，但仍保留有"与我的同胞团结一致的感觉"。1930 年，他的措辞变得更加激烈："在我灵魂中的某个地方，在一个非常隐蔽的角落，我是一个狂热的犹太人。"在《自传研究》中，他也承认童年的宗教教育对他的影响："我深深沉醉于《圣经》故事（几乎在我接触到阅读这门艺术之后），正如我后来认识到的那样，对我的兴趣方向产生了深远的影响。"

然而在 1939 年，他发表了他最有争议的论文之一。《摩西与一神教》是一部让许多犹太教信徒深感不安的作品。弗洛伊德用心理分析的方法回顾了历史事件，他认为摩西不是希伯来人，而是出生在古埃及的贵族阶层，可能是阿肯那顿的信徒，这位法老打破了埃及的传统，拥护一神教。弗洛伊德说，他并没有带领以色列人走向安定，事实上他只带出了一小群自己的信徒，这些人随后起义杀死了他。由于对谋杀父亲感到内疚，他们后来演化出一个关于弥赛亚的故事，并渴望摩西作为以色列人守护者的身份回归。

弗洛伊德对其犹太人身份的态度可以说在他发给圣约信徒会（19 世纪中期成立的一个犹太人协会）成员的一份说明中得到了最好的概括："我必须承认把我和犹太人联系在一起的不是信仰，甚至不是民族自豪感，因为我一直是个不信教的人，从小就没有宗教信仰，但并非不尊重人类文明的所谓'道德'要求。"同时，他对上帝的态度在 1915 年的一份声明中可见一斑："让我补充一点，我对全能的上帝没有任何敬畏之心。如果我们遇见了，与其说是他责备我，不如说是我责备他。"

按自己的方式退场

"能够活到寿终正寝是一件多令人羡慕的事啊。"

——西格蒙德·弗洛伊德就一位著名的维也纳外科医生的
死致信威廉·弗利斯，1894

弗洛伊德生命中的最后二十五年左右，他越来越忧郁，这是由个人经历和两次世界大战所带来的社会动荡的局势所造成的。他继续出色地工作，即使在年老体弱的情况下，仍然保持着旺盛的精力，这一点非常了不起。但不可否认的是，他给人留下了无时无刻都很疲倦的印象。引用一下他在《文明及其不满》中对人类进步的评论："最后，如果我们的生活艰苦、无趣、充满痛苦，以至于我们只能指望死亡来拯救自己，那么漫长的生活对我们来说又有什么好的呢？"

　　早在 1922 年，他就在跟阿图尔·施尼茨勒的一次谈话中暗示了他的不满："现在你也到了六十岁，而我，比你大六岁，正接近生命的极限，可能很快就会看到这部相当难以理解的、并不总是有趣的喜剧的第五幕落幕。"1915 年，他在《对战争与死亡的思考》中写道："从根本上讲，没有人相信自己的死亡，或者说是相信无意识；我们每个人都相信自己的不朽。"然而，当他自己逐渐接近死亡时（特别是在 1923 年他被诊断出癌症后），他似乎以坚忍不拔的精神接受了他严峻的命运。

　　例如，1929 年，他的好朋友玛丽·波拿巴（她本人也是一位著名的精神分析学家）把自己的医生马克斯·舒尔（Max Schur）推荐给弗洛伊德，成为了他的私人医生。在他们第一次见面时，弗洛伊德让舒尔承诺"当时机成熟时，你不会让我遭受不必要的痛苦"。

到 1938 年，弗洛伊德已经八十二岁了，身体也很差。之后，德国吞并奥地利的情况更加复杂。弗洛伊德——一个犹太人，一名知识分子，一个被希特勒和他的追随者认为属于精神上感到厌恶的领域的理论家——发现自己的处境很不稳定。他的家和办公室被突袭，他心爱的女儿安娜被盖世太保逮捕，这些愈发证明了他的想法，决定在第一时间将自己和一些家人送到伦敦的安全地带。这次营救在很大程度上是由波拿巴和欧内斯特·琼斯促成的。毫无疑问，这是一个正确的决定，因为他留在奥地利的四个姐妹最终在大屠杀中丧生。

然而，事实是，他在晚年逃到了英国，所有事情压垮了他。不过，值得注意的是，他鼓起勇气为自己创造了一种新的生活。在这种生活中，他继续工作，出版作品，开始接受自己公众人物的身份，继续有尊严地活着。在伦敦的家中，他受到了名流的追捧。其中包括作家和未来学家 H. G. 威尔斯（H. G. Wells），他为弗洛伊德争取到了一项议会法案，立即授予他英国公民身份。萨尔瓦多·达利在斯蒂芬·茨威格的安排下，借机见到了他的偶像之一——弗洛伊德。茨威格介绍达利为"我们这个时代唯一的天才画家"和"艺术家中最忠实和最感激你的思想的弟子"。当他从巴黎出发时，据说达利在吃一盘蜗牛时得到了一个启示："我就在那一瞬间发现了弗洛伊德外表上的秘密！弗洛伊德的头盖骨是一只蜗牛的形状！他的大脑是螺旋形的——可以用针来提取！"尽管他不会说英语或德语，但他回忆说，他和弗洛伊德"激情地对视"，两人认为这次会面是成功的。

弗洛伊德与弗吉尼亚·伍尔夫和伦纳德·伍尔夫这些布鲁姆斯伯里团体代表人物的聚会可能就不是这样了。伦纳德在他的自传中回忆说，那是一次"艰难的采访"。"他身上有一些像半死不活的火山一样的东西，"他写道，"一些阴郁的、压抑的、内敛的东西。"尽管如此，"他给我的感觉是……非常温和，但在这背后蕴藏着巨大的力量"。

当走向生命尽头的时候，弗洛伊德已经被他同时代的人认为是20世纪举足轻重的知识分子之一。也许他作为"伟大的思想家"的地位应该通过这些和类似的会议得到验证，即使他发现自己实际上被赶出了那片他出生的土地。最后，他虽然被文化主流所接纳，但始终是一个局外人。

马克斯·舒尔曾陪同弗洛伊德来到伦敦，并在 1939 年随着他对医疗需求的增加而搬进了弗洛伊德的家。这一年的 9 月 21 日——德国入侵波兰并引发第二次世界大战的三周后，弗洛伊德把他的医生拉到一边。"我亲爱的舒尔，"他说，"你肯定记得我们的第一次谈话。你当时向我保证，当我大限将至时不会抛弃我。如今这只不过是一种折磨，没有任何意义了。"舒尔同意给他注射一些吗啡。9 月 23 日凌晨三点，弗洛伊德去世。他的骨灰被完好地保存在玛丽·波拿巴赠送的一个希腊古瓮中。

在某种程度上，他已经掌控了自己的结局。但他是否认为自己已经寿终正寝，我们永远不会知道。

留下遗产

"噢，如果我们对生活有更多的了解和理解，生活就会变得非常有趣。"

——西格蒙德·弗洛伊德致信阿诺德·茨威格，1932

弗洛伊德去世已经超过七十五年了，他仍然是一个特别有争议的人物。他的许多同时代人从未怀疑过他作为人类心灵先驱探索者的重要性。1918 年，桑多尔·费伦齐对他说："即使我们的希望欺骗了我们，人类到最后仍然是他们无意识的受害者，但我们依旧可以看到幕后的一幕……"十二年后，阿诺德·茨威格很肯定地告诉他："精神分析已经颠覆了所有的价值观，它打败了基督教，披露了真正的反基督者，并将复活的生命精神从禁欲主义的理想中解放出来。"著名数学家和哲学家伯特兰·罗素（Bertrand Russell）是另一位在他的作品中发现长久价值的人，他在 1933 年的《论正统》中写道："当我开始阅读弗洛伊德本人的作品时，我惊奇地发现他的著作是如此充满智慧，比那些伪聪明人中的弗洛伊德主义要温和得多。"

然而，不可否认的是，他长期战斗在反击的前列。路德维希·维特根斯坦在《关于美学、心理学和宗教信仰的演讲和对话集》（*Lectures and Conversations on Aesthetics, Psychology, and Religious Belief*）（1967）中引用了他的话，尖酸地指出："智慧是我从未期望从弗洛伊德身上找到的东西。他当然聪明，但并不是智慧。"还有一些人认为他是一个科学骗子，正如芝加哥大学的乔纳森·李尔（Jonathan Lear）在 1995 年评论说："许多有声望的学者现在认为（我也同意），弗洛伊德搞砸了他自己最重要的一些案例。当然，他的一些假设是错误的；他的分析技术可能显得平淡无奇，具有侵入性；按他的猜测来看，他有点像个牛仔……"

有些人甚至认为，他的思想缺乏科学性，当这些思想被误用在患有心理障碍的人身上时，已经给成千上万的人带来了灾难。早在1914年，一位不愿透露姓名的美国评论家就曾说："精神分析是一种有意识的，更多时候是一种潜意识或无意识的对病人的放纵……精神分析……是对社会的一种威胁。"一个世纪后，有许多人都会同意他的话，但这对弗洛伊德而言是不公平的。诚然，毫无疑问，他的许多结论是有缺陷的——现代神经科学已证明了这一点。但没有人怀疑，无意识、性驱力、梦和类似的东西都在心理的发展中发挥着重要作用。弗洛伊德赋予了它们合法性，并使我们有可能以更科学的方式来探索它们。他在这条路上迈出了最初关键的几步。

尽管我们的行为可能并不以自我、本我和超我的互动为前提，就像我们的梦境可能并不揭示我们内心生活的所有秘密一样，弗洛伊德所提出的思想已经浸透到我们日常生活的结构中，它们存在于我们的语言、艺术和文化中，并最终储存在我们的脑海中。当有人说话失误，或一些伟大的具有性暗示的建筑物被建立起来，或当一个年轻女人挽着一个老得足以成为她父亲的男人走进酒吧时，很有可能弗洛伊德的名字会很快被唤起。

因此，弗洛伊德在文化和哲学方面，而不是在科学方面，做出了他最持久的贡献。弗吉尼亚大学英语教授、《西格蒙德·弗洛伊德之死》（*The Death of Sigmund Freud*）的作者马克·艾德姆森这样说："对我来说，弗洛伊德是一位可与蒙田、塞缪尔·约翰逊、叔本华和尼采相媲美的作家，这些作家对爱、正义、善政和死亡等真正宏大的问题进行了探讨。"同时，乔纳森·李尔在1995年的《新共和》（*New Republic*）杂志上写道：

> ……在他的最佳状态下，弗洛伊德是一位对人类状况的深入探索者，他的研究传统可以追溯到索福克勒斯，并通过柏拉图、圣奥古斯丁和莎士比亚延伸到普鲁斯特和尼采。支撑这一传统的是对人类福祉有重要意义的坚持，而这些意义被直接的意识所掩盖……弗洛伊德开始了一个处理无意识意义的过程，重要的是不要拘泥于他，不要拘泥于僵硬的外部表现，要么崇拜他，要么诋毁他。

但让我们把最后一句话留给弗洛伊德，他习惯于这样回应批评他的人："他们可以在白天滥用我的学说，但我确信他们在晚上会梦见它们。"